职业教育课程改革创新规划教材·技能应用系列

电工电子测量仪器仪表技能应用

王国玉　李占平　主　编
胡国喜　杨广宇　田　涛　副主编
赵永杰　主　审

電子工業出版社
Publishing House of Electronics Industry
北京·BEIJING

内 容 简 介

本书是一本关于电工电子测量仪器仪表技能应用基础的教材。书中较全面地介绍了电工电子测量仪器仪表技能应用的基本理论知识和基本技能，内容包括电工电子测量仪器仪表的基本技能和基本知识、万用表的测量与使用、兆欧表的测量与使用、接地电阻测量仪的测量与使用、晶体管毫伏表的测量与使用、信号发生器的测量与使用、示波器的测量与使用、电子计数器的测量与使用、频谱分析仪的测量与使用、扫频仪的测量与使用。本书将电工电子技术中经常用到的仪表和仪器融合在一起讲授，特别符合工作实际情况，更有利于学生学习，符合教学实际情况和认知规律。本书特别强调电工电子测量仪器仪表在强电（电工）和弱电（电子）中的应用。书中内容通俗易懂，符合初学者的认知规律，所以说它是电工电子测量技术的基础性教材，特别适合当前职业教育需求。

本书适合职业院校和技工院校电类相关专业作为专业基础课教材，也很适合作为电工、电子专业生产和维修人员的培训和自学用书，同时对没有经过专业学习的社会和农村青年不失为一本自学电工电子测量仪器仪表方面知识的参考书。

图书在版编目（CIP）数据

电工电子测量仪器仪表技能应用 / 王国玉，李占平主编．—北京：电子工业出版社，2016.6
职业教育课程改革创新规划教材．技能应用系列

ISBN 978-7-121-28429-8

Ⅰ．①电… Ⅱ．①王… ②李… Ⅲ．①电工仪表—中等专业学校—教材②电子测量设备—中等专业学校—教材 Ⅳ．①TM93

中国版本图书馆 CIP 数据核字（2016）第 057258 号

策划编辑：白　楠
责任编辑：韩玉宏
印　　刷：北京虎彩文化传播有限公司
装　　订：北京虎彩文化传播有限公司
出版发行：电子工业出版社
　　　　　北京市海淀区万寿路 173 信箱　邮编　100036
开　　本：787×1 092　1/16　印张：11　字数：281.6 千字
版　　次：2016 年 6 月第 1 版
印　　次：2025 年 2 月第 9 次印刷
定　　价：29.00 元

凡所购买电子工业出版社图书有缺损问题，请向购买书店调换。若书店售缺，请与本社发行部联系，联系及邮购电话：（010）88254888，88258888。

质量投诉请发邮件至zlts@phei.com.cn，盗版侵权举报请发邮件至dbqq@phei.com.cn。

本书咨询联系方式：（010）88254591，bain@phei.com.cn。

前　言

本书在电工电子测量技术中的重要作用不言而喻。在传统的教学模式中，电工电子测量技术基本功常常被人为分割为理论知识的一部分，测量技能的训练也常常被当作局部实训的一部分，给教学带来不便。在当今职业教育形式下，根据社会对该岗位群的要求和实际教学的需要，我们以全新的视角和手法编撰了本书，弥补了传统教材的不足，体现了“以学生为本位、以职业技能为本位”的理念。

本书在理论体系、教材内容及其阐述方法等方面都作出了一些大胆的尝试，以强调基本功（项目基本技能+项目基本知识+项目综合训练=项目基本功）为基调，以“项目情境创设”、“项目学习目标”、“项目基本功”、“项目评估检查”、“项目总结”五个要素为重点，通过基本技能的训练，培养学生学习电工电子测量仪器仪表的兴趣，强调学习理论知识指导实践，充分体现理论和实践的结合。本书特别将电工电子仪器仪表综合技能训练作为“项目综合训练”展现给大家，其目的是有助于学生理解电工电子仪器仪表的结构和特性，更好地掌握、使用电工电子仪器仪表。本书强调学生做中学、教师做中教、教学合一，理论和实践一体化，使学生能够“无障碍读书”和“学以致用”，把学习电工电子测量仪器仪表测量技术基本功的兴趣转化为学习电工电子技术的动力，使学生树立起学习的信心。本书在使学生掌握常用仪器仪表的使用方法及其在电工电子技术中应用的同时，在教与学、学与教的过程中潜移默化地培养学生的爱岗敬业精神、沟通合作能力和质量意识、安全意识、环保意识。

本书由河南信息工程学校高级工程师、河南省学术技术带头人（中职）王国玉和河南机电职业学院高级讲师李占平担任主编，由王国玉完成全书统稿；河南省科技工业学校胡国喜、河南信息工程学校杨广宇和田涛担任副主编。其中，河南机电职业学院苗国耀编写了项目一和项目二；河南信息工程学校杨广宇编写了项目四；河南信息工程学校田涛编写了项目六；河南机电职业学院马立编写了项目三、项目七；河南省科技工业学校胡国喜编写了项目八；河南机电职业学院余艳伟编写了项目五和项目九；河南机电职业学院李占平编写了项目十；温玉庆和侯爱民参加部分编写工作。全书由河南省南阳电大赵永杰副教授主审，并且提出了宝贵建议。

由于各学校及各专业的情况不一样，办学条件不同，任课教师可根据具体的情况作适当调整。教学建议学时表如下。

序　　号	内　　容	学　　时
项目一	电工电子测量仪器仪表的基本技能和基本知识	6
项目二	万用表的测量与使用	4
项目三	兆欧表的测量与使用	6
项目四	接地电阻测量仪的测量与使用	6
项目五	晶体管毫伏表的测量与使用	2
项目六	信号发生器的测量与使用	8
项目七	示波器的测量与使用	6
项目八	电子计数器的测量与使用	6
项目九	频谱分析仪的测量与使用	6
项目十	扫频仪的测量与使用	6
总学时数		56

本书在编写过程中吸取了国内一些专家、学者的研究成果和一些企业产品资料，在此表示感谢。

由于作者水平有限，再加上时间仓促，书中难免存在错误和不妥之处，敬请读者批评指正。

编　者

目　录

项目一　电工电子测量仪器仪表的基本技能和基本知识……1

项目情境创设……1

项目学习目标……1

项目基本功……2

1.1　项目基本技能……2

1.2　项目基本知识……6

1.3　项目综合训练……13

项目评估检查……15

项目总结……17

项目二　万用表的测量与使用……18

项目情境创设……18

项目学习目标……18

项目基本功……19

2.1　项目基本技能……19

2.2　项目基本知识……27

2.3　项目综合训练……31

项目评估检查……36

项目总结……38

项目三　兆欧表的测量与使用……39

项目情境创设……39

项目学习目标 ······ 39
项目基本功 ······ 40
3.1 项目基本技能 ······ 40
3.2 项目基本知识 ······ 43
3.3 项目综合训练 ······ 49
项目评估检查 ······ 50
项目总结 ······ 52

项目四 接地电阻测量仪的测量与使用 ······ 53

项目情境创设 ······ 53
项目学习目标 ······ 53
项目基本功 ······ 54
4.1 项目基本技能 ······ 54
4.2 项目基本知识 ······ 56
4.3 项目综合训练 ······ 59
项目评估检查 ······ 62
项目总结 ······ 64

项目五 晶体管毫伏表的测量与使用 ······ 65

项目情境创设 ······ 65
项目学习目标 ······ 65
项目基本功 ······ 66
5.1 项目基本技能 ······ 66
5.2 项目基本知识 ······ 68
5.3 项目综合训练 ······ 70
项目评估检查 ······ 73
项目总结 ······ 74

项目六 信号发生器的测量与使用 ······ 75

项目情境创设 ······ 75
项目学习目标 ······ 75
项目基本功 ······ 76
6.1 项目基本技能 ······ 76
6.2 项目基本知识 ······ 79

6.3　项目综合训练 …… 94
项目评估检查 …… 98
项目总结 …… 100
项目七　示波器的测量与使用 …… 101
项目情境创设 …… 101
项目学习目标 …… 101
项目基本功 …… 102
7.1　项目基本技能 …… 102
7.2　项目基本知识 …… 108
7.3　项目综合训练 …… 114
项目评估检查 …… 119
项目总结 …… 122
项目八　电子计数器的测量与使用 …… 123
项目情境创设 …… 123
项目学习目标 …… 123
项目基本功 …… 124
8.1　项目基本技能 …… 124
8.2　项目基本知识 …… 131
8.3　项目综合训练 …… 134
项目评估检查 …… 136
项目总结 …… 139
项目九　频谱分析仪的测量与使用 …… 140
项目情境创设 …… 140
项目学习目标 …… 140
项目基本功 …… 141
9.1　项目基本技能 …… 141
9.2　项目基本知识 …… 143
9.3　项目综合训练 …… 150
项目评估检查 …… 152
项目总结 …… 153

项目十　扫频仪的测量与使用…………154
项目情境创设…………154
项目学习目标…………154
项目基本功…………155
10.1　项目基本技能…………155
10.2　项目基本知识…………160
10.3　项目综合训练…………163
项目评估检查…………166
项目总结…………167

项目一

电工电子测量仪器仪表的基本技能和基本知识

项目情境创设

电工电子测量仪器仪表是实现电工电子测量过程所需技术工具的总称。电工电子测量仪器仪表是我们完成电子产品的制造、生产与维修的一双“眼睛”，其用途十分广泛。电工电子测量仪器仪表的使用如图 1-1 所示。

图 1-1　电工电子测量仪器仪表的使用

电工电子测量仪器仪表的测量对象主要是电学量与磁学量。电学量又分为电量与电参量。通常要求测量的电量有电流、电压、功率、电能、频率等，电参量有电阻、电容、电感等。通常要求测量的磁学量有磁感应强度、磁导率等。全书项目内容对磁学量测量仪器仪表没有作要求，重点讲述电学量测量仪器仪表。

项目学习目标

学习目标		学习方式	学时
技能目标	① 认识各种电工电子测量仪器仪表，了解它们的用途和特点 ② 认识常用电工电子测量仪表表盘上的标志符号	理论讲授、实训操作	3
知识目标	① 掌握测量基本知识 ② 了解常用电工电子测量仪器仪表的分类 ③ 了解测量方式的分类	理论讲授、实训操作	3

续表

学习目标		学习方式	学时
情感目标	通过网络搜索查询认识各种电工电子测量仪器仪表，了解电工电子测量仪器仪表的使用方法，提高同学们对电工电子测量仪器仪表使用重要意义的认识；通过小组讨论，培养获取信息的能力；通过相互协作，提高团队意识	网络查询、小组讨论、相互协作	课余时间

项目基本功

1.1 项目基本技能

技能一 电工电子测量仪器仪表的认知

电工电子测量仪器仪表的分类有若干个不同的标准，可以按作用分，可以按原理分，也可以按测量对象分，还可以按使用方法、准确度等级、防护性能或使用条件分。最常见的分类方法有按测量方法的不同、按测量对象的不同和按测量原理的不同划分。要搞清楚电工电子测量仪器仪表的分类，首先要认识电工电子测量仪器仪表有哪些及它们的名称和用途。

表 1-1 所示为各种电工电子测量仪器仪表的实物图和用途与特点。

表 1-1 各种电工电子测量仪器仪表的实物图和用途与特点

类别	名称	实物图	用途与特点
电工电子测量仪表	交/直流电流表		三相电流表具有以下特点 ① 正 4 位显示：0～9999 ② 高位 A/D 转换，精度高 ③ 单片机设计，抗干扰性能强 ④ 具有多项菜单编程，可灵活操作 ⑤ 量程准确，性能可靠 ⑥ 功能扩展方便，可扩展报警输出口及可编程单元
	交/直流电压表		数显电压表主要用于对电气线路中的交流或直流电压进行实时测量与指示，具有测量精度高、稳定性好、读数直观、抗干扰能力强等特点，广泛应用于各种电压等级的城乡变电站、发电厂、企/事业单位变配电室、智能大厦/小区、冶金、石化、机场、铁路、港口、医院、学校、市政等诸多领域，是原指针式仪表的理想换代产品

续表

类别	名称	实　物　图	用途与特点
电工电子测量仪表	钳形电流表		钳形电流表的特点：钳头照明功能、自动/手动量程、数据保持、自动关机、背景光、显示器最大显示数 3999
	兆欧表		普通的兆欧表适用于测量各种绝缘材料的电阻，以及变压器、电机、电缆及电气设备等的绝缘电阻。数字兆欧表量程可自动转换，LCD 显示使得测量十分方便和迅捷。兆欧表输出功率大，带载能力强，抗干扰能力强，测量阻值量程宽，重量轻
	万用表	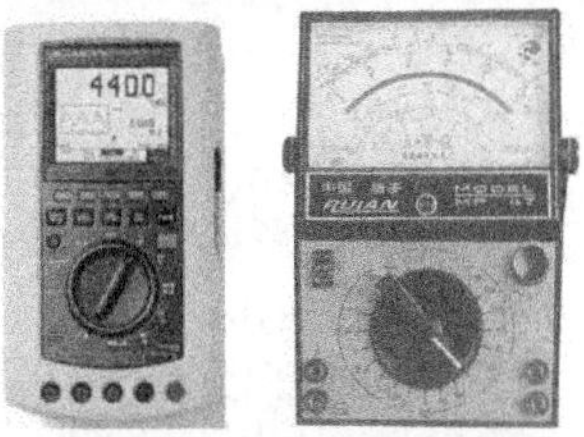	万用表是一种多用途电工电子测量仪表，广泛应用于生产测试、现场维护、定点修理、科研开发和教学等场合，主要有测量电流、电压、电阻、电容、电感和三极管等功能，有时也称为多用表和三用表
电工电子测量仪器	频率计	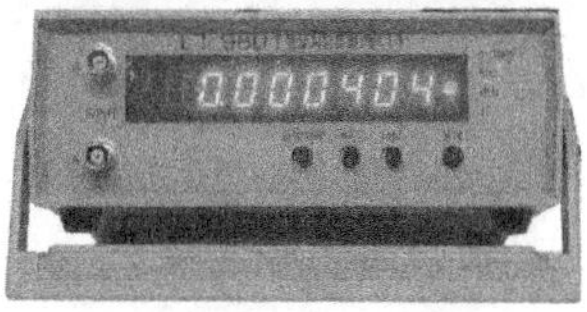	具有 8 位高亮度七段 LED 显示，低功耗线路设计，高稳定性的晶体振荡器保证测量精度和全输入信号员检查。主要功能是频率累计用晶体测量。全部功能是用一个单片计算机集成电路完成的
			适用于测量频率为 5Hz～2MHz、电压为 100μV～300V 的正弦波有效值电压；具有测量精度高、测量速度快、输入阻抗高、频率影响误差小等优点；具备自动/手动测量功能，同时显示电压值和 dB/dBm 值，以及量程和通道状态，显示清晰直观，使用方便，可广泛应用于工厂、实验室、科研单位、部队和学校
	示波器	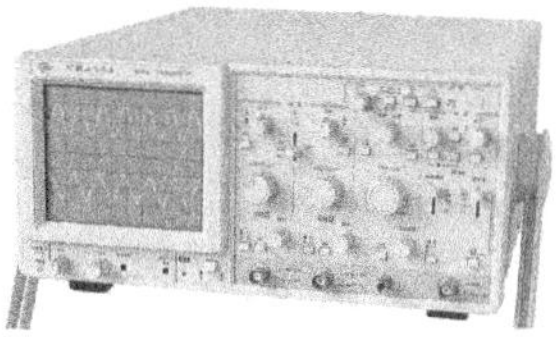	灵敏度高，最高偏转因数为 1mV/div；标尺高亮度，便于夜间和照明使用；交替扩展，正常（×1）和扩展的波形能同时显示；INT，无须转换 CH1、CH2 选择开关即可得到稳定的触发；TV 同步，选用新的电视触发电路可以显示稳定的 TV-H 和 TV-V 信号；自动聚焦，测量过程中聚焦电平可自动校正；触发锁定，触发电路呈全自动同步状态，无须人工调节触发电平
	计数器		LCD 数显计数器，8 位 LCD 显示，可选背光；脉冲计数器，可通过控制输入改变计数方向；可接入 10～260V 的 AC/DC 电压脉冲；复位键可锁定；全系列提供正逻辑和负逻辑计数沿；滤波功能可消除机械触电的抖动；电池使用寿命可达 8 年

续表

类别	名称	实物图	用途与特点
电工电子测量仪器	频谱分析仪		HP 8594E 频谱分析仪：频率范围为 9kHz～2.9GHz，频率精度（在 1GHz 频点）为±210Hz，分辨率带宽范围为 30Hz～3MHz，平均噪声电平（最窄分辨带宽）为-127dBm
	扫频仪		低失真率地扫描正弦波；数字显示电压表及频率表；对数扫频；内置功率放大器及输出保护电路；电压值有粗调及微调设定钮；极佳的可靠性；可手动测试 Fo 值，频率亦可微调

技能二 常用电工电子测量仪表表盘上的标志符号

常用电工电子测量仪表表盘上的标志符号如表 1-2 所示。

表 1-2 常用电工电子测量仪表表盘上的标志符号

分类	标志符号	名称	被测量的种类
电流种类	—	直流电表	直流电流、电压
	～	交流电表	交流电流、电压、功率
	≃	交直流两用表	直流电量或交流电量
	≋ 或 3～	三相交流电表	三相交流电流、电压、功率
测量对象	Ⓐ (mA) (μA)	安培表、毫安表、微安表	电流
	Ⓥ (kV)	伏特表、千伏表	电压
	Ⓦ (kW)	瓦特表、千瓦表	功率
	kW · h	千瓦时表	电能量
	(φ)	相位表	相位差
	(f)	频率表	频率
	(Ω) (kΩ)	欧姆表、兆欧表	电阻、绝缘电阻
工作原理		磁电式仪表	电流、电压、电阻
		电磁式仪表	电流、电压
		电动式仪表	电流、电压、电功率、功率因数、电能量
		整流式仪表	电流、电压
		感应式仪表	电功率、电能量

续表

分　类	标志符号	名　称	被测量的种类
准确度等级	1.0	1.0 级电表	以刻度尺长度的百分数表示
	(1.5)	1.5 级电表	以指示值的百分数表示
绝缘等级	⚡2 kV	绝缘强度试验电压	表示仪表绝缘经过 2kV 耐压试验
工作位置	→	仪表水平放置	
	↑	仪表垂直放置	
	∠60°	仪表倾斜 60° 放置	
端钮	+	正端钮	
	-	负端钮	
	±或*	公共端钮	
	⊥ 或 ⏚	接地端钮	

例如，电流表和电压表的刻度盘如图 1-2 所示，其上标志符号的解读如表 1-3 所示。

图 1-2　电流表和电压表的刻度盘

表 1-3　电流表和电压表刻度盘上标志符号的解读

标志符号	意　义	标志符号	意　义
⚠	注意	5.0	以刻度尺长度的百分数表示的准确度等级，5.0 表示 5.0 级
MC	质量检查标识符	V	表示被测量为直流电压
mA	表示被测量为直流电流毫安级	∩	磁电式仪表
— 或 ⎓	表示被测量为直流量		

1.2 项目基本知识

知识点一 测量基本知识

一、什么是测量

所谓测量，就是依据一定的理论，通过实验的方法，将被测量（未知量）与已知的标准量进行比较，以得到被测量大小的过程，是对被测量定量认识的过程。

二、什么是电工电子测量（电气测量、电磁测量）

电工电子测量是指把被测的电学量或磁学量直接或间接地与作为测量单位的同类物理量（或者可以推算出被测量的异类物理量）进行比较的过程。

三、电工电子测量的特点和内容

1. 电工电子测量的特点

电工电子测量的特点是频率范围宽、量程广、准确度高、测量速度快、易于实现遥测摇控等。

2. 狭义电工电子测量的内容

（1）能量：电流、电压、功率、电场强度等。

（2）电路参数：电阻、电感、电容、品质因数等。

（3）信号特性：频率、周期、相位、调制系数等。

（4）电子设备性能：通频带、放大系数等。

（5）特性曲线：幅频特性、相频特性等。

（6）基本参量：频率、时间、电压、相位、阻抗等。

3. 广义电工电子测量的内容

非电学量测量属于广义电工电子测量的内容。非电学量的电测法就是将各种非电学量（如温度、压力、速度、位移、应变、流量、液位等）变换为电学量，而后进行测量的方法。相关内容请同学们参阅其他教材。

四、电工电子测量的误差和准确度

1. 什么是准确度和误差

准确度是指测量结果（简称示值）与被测量真实值（简称真值）间相接近的程度，是测量结果准确程度的量度。误差是指示值与真值的偏离程度。

准确度与误差本身的含义是相反的，但两者又是紧密联系的，测量结果的准确度高，其误差就小，因此在实际测量中往往采用误差的大小来表示准确度的高低。

2. 什么是基本误差

基本误差是在规定的温度、湿度、频率、波形、放置方式及无外界电磁场干扰等正常工作条件下，由于仪器仪表本身的缺点所产生的误差。

3. 什么是附加误差

附加误差是由于外界因素的影响和仪器仪表放置不符合规定等原因所产生的误差。附加误差有些可以消除或限制在一定范围内，而基本误差却不可避免。

4. 误差的种类和表示方法

误差是每个人在工作和学习中不可回避的问题。就每个专业的误差的知识都可以写一本教材。作为中职的学生，作者认为要了解误差的种类和误差的表示方法，会按照公式进行简单的计算。误差的种类和误差的表示方法如表 1-4 所示。

表 1-4 误差的种类和误差的表示方法

<table>
<tr><th>误差的种类</th><th>误差的表示方法</th><th>符号注解</th></tr>
<tr><td>绝对误差</td><td>$\Delta A=A_x-A_0$</td><td rowspan="5">A_x：示值（测量值）
A_0：真值
A_m：满标度值，即量限
ΔA_m：最大绝对误差
测量值误差用于误差很小或要求不高的场合
直读仪器仪表的准确度用最大引用误差来分级，分为 0.1、0.2、0.5、1.0、1.5、2.5 和 5.0 共 7 个等级。例如，准确度为 2.5 级的仪器仪表，其最大引用误差为 2.5%</td></tr>
<tr><td>相对误差</td><td>$\gamma=\frac{\Delta A}{A_0}\times 100\%$</td></tr>
<tr><td>测量值误差</td><td>$\gamma=\frac{\Delta A}{A_x}\times 100\%$</td></tr>
<tr><td>引用误差</td><td>$\gamma_n=\frac{\Delta A}{A_m}\times 100\%$</td></tr>
<tr><td>准确度</td><td>$K=\frac{\Delta A_m}{A_m}\times 100\%$</td></tr>
<tr><td>最大相对误差</td><td colspan="2">$\gamma_m=\frac{\Delta A_m}{A_x}=\frac{\Delta A_m}{A_x}\times\frac{A_m}{A_m}=\frac{\Delta A_m}{A_m}\times\frac{A_m}{A_x}=K\times\frac{A_m}{A_x}$</td></tr>
</table>

五、国际单位制和测量单位

1. 国际单位制（也称 SI）

国际计量会议以米、千克、秒为基础所制定的单位制，后经修改和补充，成为世界上通用的一套单位制，这称为国际单位制。

把测量中的标准量定义为单位。单位是一个选定的标准量，独立定义的单位称基本单位，由物理关系导出的单位称导出单位。

2. SI 基本单位和 SI 辅助单位

SI 基本单位和 SI 辅助单位如表 1-5 所示。

表 1-5 SI 基本单位和 SI 辅助单位

SI 基本单位（7 个）			
物理量名称	单位名称	单位符号	解释
长度	米	m	光在真空中 1/299792458s 时间间隔内所经过路径的长度是 1m
质量	千克（公斤）	kg	国际千克原器的质量是 1kg
时间	秒	s	^{133}Cs 原子基态的两个超精细能级之间跃迁所对应的辐射的 9192631770 个周期的持续时间是 1s

续表

SI基本单位（7个）			
物理量名称	单位名称	单位符号	解释
电流	安[培]	A	在真空中，截面积可忽略的两根相距1m的无限长平行圆直导线内通以等量恒定电流时，若导线间相互作用力在每米长度上为2×10^{-7}N，则每根导线中的电流为1A
热力学温度	开[尔文]	K	开定义为水三相点热力学温度的1/273.16
发光强度	坎[德拉]	cd	某光源发出频率为540×10^{12}Hz的单色辐射，且在给定方向上的辐射强度为1/683W/sr，则该光源在此方向上的发光强度为1cd
物质的量	摩[尔]	mol	某系统所包含的基本单元（原子、分子、离子、电子及其他粒子，或这些粒子的特定组合）数与0.012kg^{12}C的原子数目相等，则该系统的物质的量是1mol
SI辅助单位（2个）			
平面角	弧度	rad	以长为圆周长（$2\pi r$）的弧所对的圆心角为2πrad，半个圆周长的弧所对的圆心角为πrad
立体角	球面度	sr	以r为半径的球的中心为顶点，展开的立体角所对应的球面表面积为r^2，该立体角的大小就是1sr

注：人们在日常生活和贸易中，“质量”习惯称为“重量”。

例如，“安培”可简称“安”，“安”也作为中文符号使用。圆括号内的字为前者的同义语。例如，“千克”也可称为“公斤”。

3. 导出单位

在了解了SI基本单位和SI辅助单位后，还需要了解国际单位制中具有专门名称的导出单位，如表1-6所示。

表1-6 具有专门名称的导出单位

物理量名称	物理量符号	单位名称	单位符号	定义
频率	f,ν	赫[兹]	Hz	在1s时间间隔内发生周期过程的次数，即$1\text{Hz}=1\text{s}^{-1}$
力	F	牛[顿]	N	1N是使1kg质量的物体产生1m/s^{2}加速度的力，即$1\text{N}=1\text{kg}\cdot\text{m/s}^2$
压强	p	帕[斯卡]	Pa	1Pa等于1N/m^2，即$1\text{Pa}=1\text{N/m}^2$
能[量]、功	E	焦[耳]	J	1J是1N力的作用点在力的方向上移动1m距离所做的功，即$1\text{J}=1\text{N}\cdot\text{m}$
功率	P	瓦[特]	W	1W是在1s时间间隔内产生1J能量的功率，即1W=1J/s
电荷[量]、电量	Q	库[仑]	C	1C是1A电流在1s时间间隔内所运送的电量，即$1\text{C}=1\text{A}\cdot\text{s}$
电位差、电压（电势差）	$U,(V)$	伏[特]	V	在流过1A恒定电流的导线内，若两点之间所消耗的功率为1W，则这两点之间的电位差为1V，即1V=1W/A
电容	C	法[拉]	F	当电容器充1C电量时，它的两个极板之间出现1V的电位差，则电容器的电容为1F，即1F=1C/V
电阻	R	欧[姆]	Ω	当在导体两端加上1V恒定电位差时，在导体内产生1A电流，则导体的电阻为1Ω，即1Ω=1V/A
电导	G	西[门子]	S	电导在数值上等于电阻的倒数，即$1\text{S}=1\Omega^{-1}$

续表

物理量名称	物理量符号	单位名称	单位符号	定义
磁通[量]	Φ	韦[伯]	Wb	这是表征磁场分布情况的物理量。通过磁场中某处的面元 dS 的磁通量 Φ 定义为该处磁感应强度的大小 B 与 dS 在垂直于 B 方向的投影 $dS\cdot\cos\theta$ 的乘积，即 $1Wb=1T\cdot m^2$
磁感应强度	B	特[斯拉]	T	垂直于磁场方向的 1m 长的导线，通过 1A 电流，受到磁场的作用力为 1N 时，则通电导线所在处的磁感应强度就是 1T，即 1T=1N/（A·m）
电感	L	亨[利]	H	当流过某闭合回路的电流以 1A/s 的速率均匀变化时，在回路中产生 1V 的电动势，则该回路的电感为 1H，即 1H=1Wb/A
光通量	$\Phi,(\Phi_v)$	流[明]	lm	发光强度为 1cd 的点光源，在单位立体角（1sr）内发出的光通量为 1lm，即 1lm=1cd·sr
[光]照度	$E,(E_v)$	勒[克斯]	lx	1lm 的光通量均匀分布在 $1m^2$ 面积上的照度，就是 1lx，即 $1lx=1lm/m^2$
[放射性]活度	A	贝可[勒尔]	Bq	$1Bq=1s^{-1}$
吸收剂量	D	戈[瑞]	Gy	1Gy=1J/kg
剂量当量	H	希[沃特]	Sv	1Sv=1J/kg
摄氏温度	t,θ	摄氏度	℃	沸点定为 100℃，冰点定为 0℃，其间分成 100 等份，1 等份为 1℃

除 SI 基本单位、SI 辅助单位和国际单位制中具有专门名称的导出单位之外，还导出以下的常用单位，如表 1-7 所示。

表 1-7　常用单位

物理量名称	物理量符号	单位名称	单位符号	定义
面积	$A,(S)$	平方米	m^2	
体积、容积	V	立方米	m^3	
速度	v	米每秒	m/s	
加速度	a	米每二次方秒	m/s^2	
角速度	ω	弧度每秒	rad/s	
[质量]密度	ρ	千克每立方米	kg/m^3	
力矩	M	牛[顿]米	N·m	
动量	p	千克米每秒	kg·m/s	
功	$W,(A)$	焦[耳]	J	1J=1N·m
电场强度	E	伏[特]每米	V/m	

六、磁电式仪表

1. 磁电式仪表的测量机构

磁电式仪表的测量机构如图 1-3 所示。

（1）固定部分：马蹄形永久磁铁，极掌 N、S 及圆柱形铁芯等。

（2）可动部分：铝框及线圈、两根半轴 O 和 O′、螺旋弹簧及指针。

极掌与铁芯之间的空气隙的长度是均匀的，其中产生了均匀的辐射方向的磁场。

2. 磁电式仪表的工作原理

（1）转动转矩 T 的产生：线圈通入直流电流 I→电磁力 F→线圈受到转动转矩 T→线圈和指针转动，如图 1-4 所示。线圈受到的转动转矩 T 为

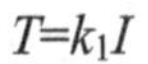

$$T=k_1I$$

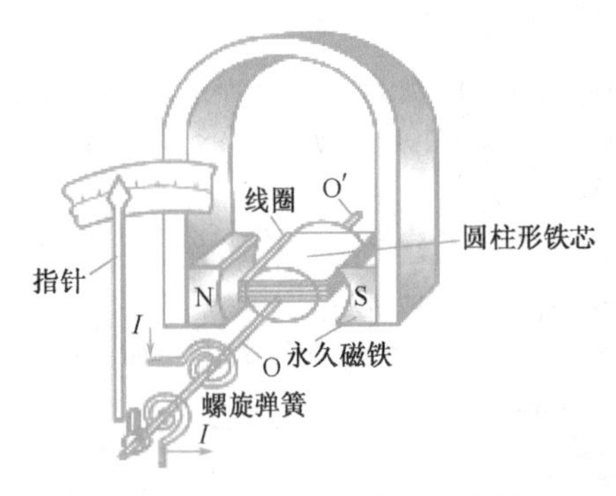

图 1-3　磁电式仪表的测量机构

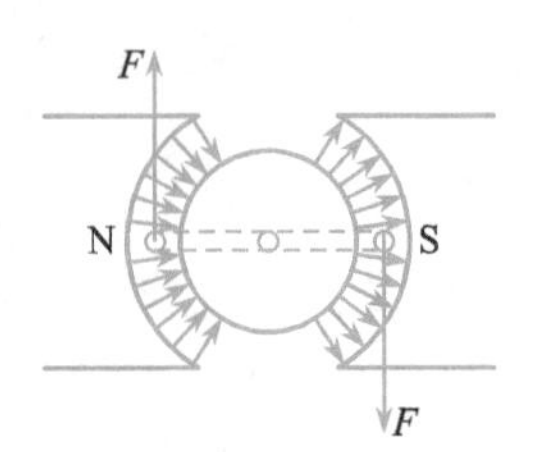

图 1-4　转动转矩 T 的产生

（2）阻转矩 T_C 的产生：在线圈和指针转动时，螺旋弹簧被扭紧而产生阻转矩 T_C，T_C 与指针的偏转角度 α 成正比，即

$$T_C=k_2\alpha$$

当弹簧阻转矩与转动转矩达到平衡时，即 $T_C=T$ 时，可转动部分便停止转动，$T=k_1I$，$T_C=k_2\alpha$，则指针的偏转角度 α 为

$$\alpha=\frac{k_1}{k_2}I=kI$$

结论：指针的偏转角度与流经线圈的电流成正比。

可见磁电式仪表的标度尺上的刻度是均匀的。

（3）阻尼作用的产生：当线圈通入电流而发生转动时，铝框切割磁通，在框内感应出电流，其电流再与磁场作用，产生与转动方向相反的制动力，于是可转动部分受到阻尼作用，快速停止在平衡位置。

3. 优缺点

优点：刻度均匀，灵敏度和准确度高，阻尼强，消耗电能量小，受外界磁场影响小。

缺点：只能测量直流，价格较高，不能承受较大负载。

七、电磁式仪表

1. 电磁式仪表的测量机构

主要部分是固定的圆形线圈、线圈内部固定的铁片、固定在转轴上的可动铁片。与轴相连的活塞在小室中移动产生阻尼力——空气阻尼器。电磁式仪表的测量机构如图 1-5 所示。

2. 电磁式仪表的工作原理

线圈通入电流 I→磁场→使其内部的固定铁片和可动铁片同时被磁化（同一端的极性

是相同的）。由于两个铁片同一端的极性相同，因此两者相斥，致使可动铁片受到转动转矩的作用，从而通过转轴带动指针偏转。当转动转矩与游丝的阻转矩相平衡时，指针便停止偏转。

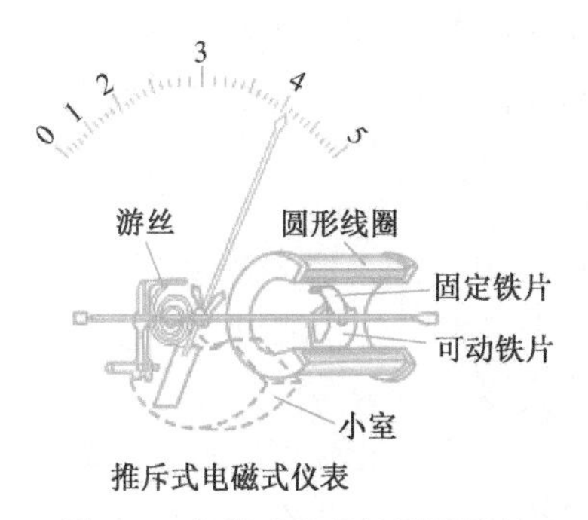

图 1-5　电磁式仪表的测量机构

由于作用在铁芯上的电磁力与空气隙中磁感应强度的平方成正比，磁感应强度又与线圈电流成正比，因此仪表的转动转矩与电流的平方成正比，即仪表的转动转矩 $T=k_1I^2$。同时由于游丝的阻转矩与指针的偏转角度 α 成正比，即阻转矩 $T_C=k_2\alpha$。当 $T=T_C$ 时，可转动部分停止转动，则指针的偏转角度 α 为

$$\alpha = \frac{k_1}{k_2}I^2 = kI^2$$

结论：指针的偏转角度与直流电流或交流电流有效值的平方成正比。

可见电磁式仪表的标度尺上的刻度是不均匀的。

3. 优缺点

优点：构造简单，价格低廉，可用于测量交直流电压与电流，能测量较大的电流，允许较大的负载。

缺点：刻度不均匀；易受外界磁场及铁片中磁滞和涡流（测量交流时）的影响，因此准确度不高。

知识点二　常用电工电子测量仪器仪表的分类

一、按测量方法分类

按测量方法划分有指示仪表、比较仪表、数字仪表（包括巡回检测仪表）、记录仪表几大类。

二、按测量对象分类

按测量对象划分有电流表（交流电流表、直流电流表）、电压表（交流电流表、直流电流表）、功率表、电能表、功率因数表、频率表及多用途表等。

三、按工作原理分类

按工作原理划分有磁电式仪表（包括指针式电流表、指针式电压表）、电磁式仪表、电动式仪表（包括数显表、数显仪表）、铁磁电动式仪表、感应式仪表、整流式仪表、静

电式仪表。

四、按显示结果分类

按显示结果划分有指针式（模拟式）和数字式。指针式仪表用指针和刻度盘指示被测量的数值；数字式仪表先将被测量的模拟量转化为数字量，然后用数字显示被测量的数值。

五、按功能分类

按功能划分，通用电测仪器仪表分为信号发生器（信号源）、电压测量仪器仪表、波形测试仪器、频率测量仪器仪表、电路参数测量仪器仪表、信号分析仪器、模拟电路特性测试仪器和数字电路特性测试仪器。

测量时应根据测量要求，参考被测量与测量仪器仪表的有关指标，结合现有测量条件及经济状况，尽量选用功能相符、使用方便的仪器仪表。

知识点三　测量方式的分类

一、按测量性质分类

（1）时域测量：测量与时间有函数关系的量。

（2）频域测量：测量与频率有函数关系的量。

（3）数字域测量：对数字逻辑量进行的测量。

（4）随机量测量：对噪声、干扰信号等的测量。

二、按测量手段分类

1. 直接测量

直接测量指的是被测量与度量器直接进行比较，或者采用事先刻好刻度数的仪器仪表进行测量，从而在测量过程中直接获得被测量的数值。

2. 间接测量

如果被测量不便于直接测量，或者直接测量该被测量的仪器仪表不够准确，那么就可以利用被测量与某种中间量之间的函数关系，先测出中间量，然后通过公式计算或查表等，算出被测量的值，这种方式称为间接测量。例如，测长、宽求面积，测电流、电压求功率等。

3. 组合测量

如果被测量有多个，虽然被测量（未知量）与某种中间量存在一定的函数关系，但由于函数式有多个未知量，对中间量的一次测量不可能求得被测量的值，这时可以通过改变测量条件来获得某些可测量的不同组合，然后测出这些组合的数值，联立方程求出未知的被测量，这种方式称为组合测量。

4. 比较测量

比较测量是指被测量与已知的同类度量器在比较器上进行比较，从而求得被测量的一种方法。这种方法用于高准确度的测量。

三、测量方式的其他分类

按测量方式的其他分类方法，测量方式还可分为：人工测量和自动测量，动态测量和静态测量，精密测量和工程测量，低频测量、高频测量和超高频测量等。

1.3　项目综合训练

技能训练　常用电工电子测量仪表应用实例

一、万用表刻度盘上的标志符号及意义

万用表的刻度盘如图 1-6 所示。任何万用表（含数字表）的刻度盘上及正面（即表盘上）都有一些标志符号，了解这些标志符号的意义是正确使用万用表的必备知识。符号解读如表 1-8 所示。

图 1-6　万用表的刻度盘

表 1-8　万用表表盘上标志符号的解读

标志符号	意　义	标志符号	意　义
A–V–Ω	表示可测量电流、电压及电阻	☆2	试验电压高于 500V（如 2kV）
一、DC	直流	□	水平放置使用
～、AC	交流（单相）	≃	交直流两用
C（μF）50Hz	在 50Hz 测量电容值	L（H）50Hz	在 50Hz 测量电感值
—▷—	整流式仪表（带半导体整流器和磁电式测量机构）	0dB=lmW600Ω	规定零电平表示在 600Ω 负载上获得 lmW 的功率，以此作为参考电平
2.5	以标度尺长度的百分数表示的准确度等级，2.5 表示 2.5 级	2.5—	测直流时以指示值的百分数表示的准确度等级，2.5 表示误差不超过 2.5%
3～	三相交流	∠60°	仪表倾斜 60°放置
I	一级防外磁场	II	二级防外磁场及电场
III	三级防外磁场及电场	IV	四级防外磁场及电场
2.5～或 U	测交流时以指示值的百分数表示的准确度等级，2.5 表示误差不超过 2.5%	•)))♫	具有音响的通断
V–2.5kV 4000Ω/V	表示对于交流电压及 2.5kV 的直流电压挡，其灵敏度为 4000Ω/V	2000Ω/V DC	表示直流挡的灵敏度为 2000Ω/V

续表

标志符号	意　义	标志符号	意　义
h_{FE}	三极管放大系数	※	公共端
⏚	接地端	COM	公共端
⌒	零点调节器	10A	测量大电流 10A 端口
⊥	刻度盘垂直放置使用	⚠	注意
⊓	刻度盘水平放置使用		

二、认识万用表表盘的训练

通过观察万用表的表盘，总结表盘上的标志符号。

MF-47 型和 MF-500 型万用表的表盘如图 1-7 所示。将在 MF-47 型和 MF-500 型万用表表盘上能见到的标志符号和意义填写到表 1-9 中。

图 1-7　MF-47 型和 MF-500 型万用表的表盘

表 1-9　MF-47 型和 MF-500 型万用表表盘上标志符号的解读

标志符号	意　义	标志符号	意　义

三、技能训练考评表

通过以上的技能训练练习，将技能训练考核内容认真做完，并且将考核评分填写到表 1-10 中。

表 1-10　技能训练考评表

考核项目	序号	考核要求	配分	评分标准	考核记录	得分
仪表表盘上标志符号的认识	1	认识电流表、电压表表盘上的标志符号	20	不熟悉标志符号的名称每个扣 2 分		
	2	了解电流表、电压表表盘上每个标志符号表示的意义	20	不熟悉标志符号的意义每个扣 2 分		
	3	认识万用表表盘上的标志符号及其意义	40	不熟悉标志符号的名称或意义每个扣 2 分		
安全文明	4	安全操作	10	测量完毕不关所用仪器仪表扣 10 分		
	5	清理现场	10	不按要求清理现场扣 10 分		
备注：					总分：	

项目评估检查

一、填空题

1．万用表是一种多用途电工电子测量仪表，广泛应用于__________、__________、__________、__________和__________等场合。

2．测量方式按测量手段划分有__________、__________、__________、__________几大类。

3．按测量方式的其他分类方法，测量方式还可分为：人工测量和自动测量，动态测量和静态测量，精密测量和工程测量，__________、__________和__________测量等。

4．狭义电工电子测量的内容：基本参量：__________、__________、__________、__________、__________等。

5．除 SI 基本单位、SI 辅助单位和国际单位制中具有专门名称的导出单位之外，还导出__________。

二、简答题

6．指针式仪表中游丝起什么作用？
7．什么是间接测量？你能举一个例子吗？
8．请简述电磁式仪表的工作原理。
9．请简述磁电式仪表的工作原理。与电磁式仪表相比有什么区别？
10．三相电流表具有哪些特点？
11．什么是测量？什么是电工电子测量（电气测量、电磁测量）？
12．什么是误差？
13．什么是准确度？
14．SI 基本单位和 SI 辅助单位有哪些？
15．请写出表格中标志符号的意义。

标志符号	意　义	标志符号	意　义
		⊙	
⚠			
⊓		⊥	

三、项目评价评分表

16．自我评价、小组互评及教师评价

评价项目	项目评价内容	分　值	自我评价	小组互评	教师评价	得　分
理论知识	① 掌握测量基本知识	10				
	② 了解常用电工电子测量仪器仪表的分类及测量方式的分类	10				
实操技能	① 写出 SI 基本单位、SI 辅助单位	10				
	② 写出国际单位制中具有专门名称的导出单位	15				
	③ 认识各种电工电子测量仪器仪表，了解它们的用途和特点	20				
	④ 认识常用电工电子测量仪表表盘上的标志符号	25				
安全文明	① 安全操作	5				
	② 清理现场	5				

17．小组学习活动评价表

班级：__________　　小组编号：__________　　成绩：__________

评价项目	评价内容及评价分值			自评	互评	教师评分
分工合作	优秀（12~15分）	良好（9~11分）	继续努力（9分以下）			
	小组成员分工明确，任务分配合理，有小组分工职责明细表	小组成员分工较明确，任务分配较合理，有小组分工职责明细表	小组成员分工不明确，任务分配不合理，无小组分工职责明细表			
获取与项目有关质量、市场、环保等内容的信息	优秀（12~15分）	良好（9~11分）	继续努力（9分以下）			
	能从网络等多种渠道获取信息，并能合理地选择信息、使用信息	能从网络等多种渠道获取信息，并能较合理地选择信息、使用信息	能从网络等多种渠道获取信息，但信息选择不正确，信息使用不恰当			
实际技能操作	优秀（16~20分）	良好（12~15分）	继续努力（12分以下）			
	能按技能目标要求规范地完成每项实操任务	能按技能目标要求较规范地完成每项实操任务	能按技能目标要求完成每项实操任务，但规范性不够			
基本知识分析讨论	优秀（16~20分）	良好（12~15分）	继续努力（12分以下）			
	讨论热烈，各抒己见，概念准确，原理思路清晰，理解透彻，逻辑性强，并有自己的见解	讨论没有间断，各抒己见，分析有理有据，思路基本清晰	讨论能够展开，分析有间断，思路不清晰，理解不透彻			
成果展示	优秀（24~30分）	良好（18~23分）	继续努力（18分以下）			
	能很好地理解项目的任务要求，成果展示逻辑性强，熟练利用信息技术（电子教室网络、互联网、大屏等）进行成果展示	能较好地理解项目的任务要求，成果展示逻辑性较强，能较熟练利用信息技术（电子教室网络、互联网、大屏等）进行成果展示	基本理解项目的任务要求，成果展示停留在书面和口头表达，不能熟练利用信息技术（电子教室网络、互联网、大屏等）进行成果展示			
总分						

项目总结

电工电子测量仪器仪表的基本技能和基本知识是学习电气测量的基本功，是从事电子产品研发、生产、检验的常用工具。通过对本项目的学习，我们可以了解电工电子测量仪器仪表的分类、电磁式仪表的工作原理、磁电式仪表的工作原理等。

项目二

万用表的测量与使用

项目情境创设

手机、随身听、MP4、电视机、电脑等电子产品已成为我们生活的必需品，如果这些电子产品出现一些小问题，我们也可以试着维修。判断故障元器件所需要的最基本仪器仪表便是万用表，如图 2-1 所示。

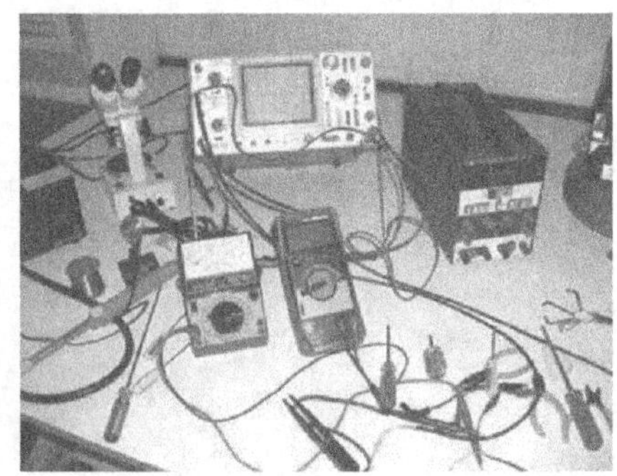

图 2-1　万用表的应用

项目学习目标

	学习目标	学习方式	学时
技能目标	① 熟悉指针表、数字表的区别 ② 熟练使用指针万用表和数字万用表 ③ 掌握两种表的使用注意事项	理论讲授、实训操作	2
知识目标	① 了解万用表的功能 ② 认识万用表的刻度指示及标识含义	理论讲授、实训操作	2
情感目标	通过网络搜索查询认识万用表，了解万用表的使用方法，提高同学们对万用表使用重要意义的认识；通过小组讨论，培养获取信息的能力；通过相互协作，提高团队意识	网络查询、小组讨论、相互协作	课余时间

项目基本功

2.1　项目基本技能

技能一　模拟式万用表的认知

万用表以测量电压、电流、电阻三大参量为主，所以也称为三用表，国家标准中也称为复用表。有些万用表还可以用来测量交流电流、电容、电感、电路通断、电池电压及半导体三极管的穿透电流和直流电流放大系数等参数。

一、模拟式万用表的外观

模拟式万用表又称为指针式万用表，简称模拟万用表、指针万用表，由表头、测量电路及转换开关 3 个主要部分组成，如图 2-2 所示。

（1）表头：用来观察读数。

（2）指针机械调零旋钮：在万用表未接入电路之前，检查表头指针是否指在标度尺左端的“0”位置（“左零”）上，若不指零，则调节机械调零旋钮，使指针指在“左零”处。

（3）三极管引脚插座：用万用表测量三极管的 h_{FE} 时插引脚的插座，即用来进行三极管放大系数的测量。

（4）欧姆调零旋钮：在测电阻前，将红、黑表笔短接，此时指针应该指在欧姆“0”位置（“右零”）上，若不指零，应调节欧姆调零旋钮，使指针指在“右零”处。

（5）转换开关：用来选择测量项目和测量挡位。

（6）红表笔插孔：用来插红表笔。

（7）黑表笔插孔：用来插黑表笔。

（8）高压测量时用红表笔插孔：作测高压用。

（9）大电流测量时用红表笔插孔：作测大电流用。

图 2-2　模拟式万用表的外观

1. 表头

表头是一个高灵敏度的磁电式直流电流表，有万用表心脏之称，万用表的主要性能指标就取决于表头性能。表头的灵敏度则是指表头指针满刻度偏转时流过表头的直流电流值，值越小，表头的灵敏度越高。测电压时的电压挡的量程越大，其内阻越大，表头的灵敏度要求越高。

表头上有 6 条刻度线，如图 2-3 所示，它们（由上往下）的功能如表 2-1 所示。

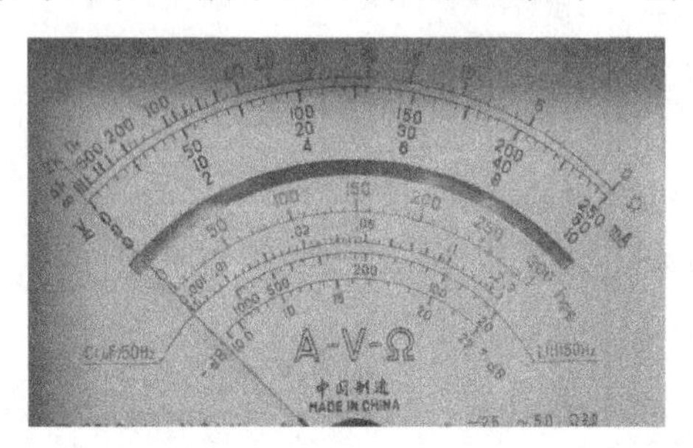

图 2-3 模拟式万用表表头上的刻度线

表 2-1 表头上的刻度线及其意义

刻度线	第 1 条	第 2 条	第 3 条	第 4 条	第 5 条	第 6 条
标志	R 或 Ω	$\underset{\sim}{\text{V}}$和 mA	h_{FE}	C（μf）	L（H）	dB
意义	电阻	交直流电压和直流电流值	三极管的电流放大系数	电容	电感	分贝数

2. 测量电路

用来将各种被测量转换为适合表头测量的微小直流电流的电路称为测量电路，它由电阻、半导体元器件及电池组成。测量电路能将各种不同的被测量（如电流、电压、电阻等）、不同的量程，经过一系列的处理（如整流、分流、分压等）统一变成一定量限的微小直流电流，送入表头进行测量。

3. 转换开关

转换开关的作用是用来选择各种不同的测量电路，以满足不同种类和不同量程的测量要求。转换开关周围标有不同的挡位和量程，如图 2-4 所示。

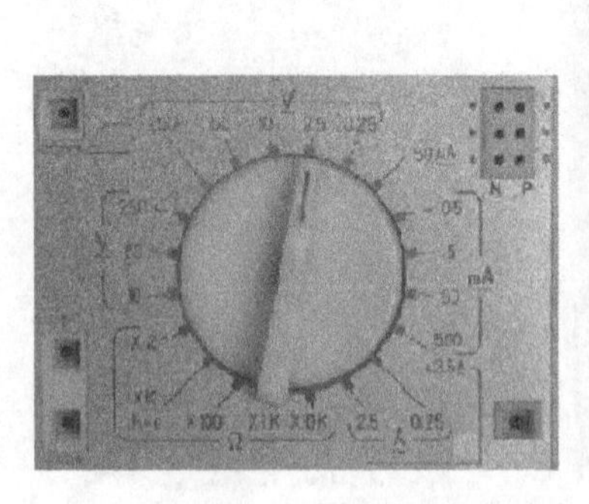
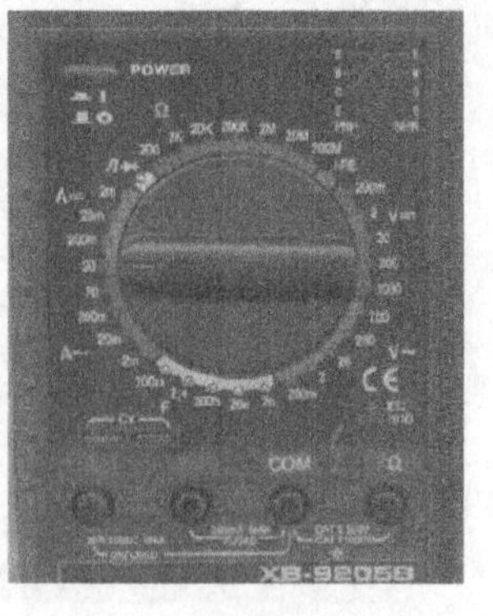

图 2-4 万用表的转换开关

4. 万用表标志符号及含义

常用的万用表标志符号及含义如表 2-2 所示。

表 2-2　常用的万用表标志符号及含义

常用的万用表标志符号	含　义
≃	交直流
V–2.5kV 4000Ω/V	对于交流电压及 2.5kV 的直流电压挡，其灵敏度为 4000Ω/V
A–V–Ω	可测量电流、电压及电阻
45–65–1000Hz	使用频率范围为 1000Hz 以下，标准工频范围为 45～65Hz
2000Ω/V DC	直流挡的灵敏度为 2000Ω/V

二、MF-47 型万用表的测量范围

MF-47 型万用表的转换开关有 24 个挡位，其测量项目、量程及精度如表 2-3 所示。

表 2-3　MF-47 型万用表的测量范围

测量项目	量　程	精　度
直流电流	0～0.05mA～0.5mA～5mA～50mA～500mA　10A	2.5、5
直流电压	0～0.25V～1V～2.5V～10V～50V～250V～500V～1000V　2500V	2.5、5
交流电压	0V～10V～50V～250V（45～60～5000Hz）～500V～1000V　2500V（45～65Hz）	5
直流电阻	R×1、R×10、R×100、R×1k、R×10k	2.5、10
音频电平分贝值	−10～+22dB	
三极管直流放大系数	0～300	
电感	20～1000H	
电容	0.001～0.3μF	

技能二　数字式万用表的认知与使用

数字式万用表简称数字万用表，是近来涌现的先进的测量仪表，它能对多种电学量进行直接测量并将测量结果用数字方式显示，与模拟式万用表相比，其各项性能指标均有大幅度提高。

一、数字万用表的外观

图 2-5 所示为数字万用表的外观，它由 5 个部分组成。

1. 电源开关

测量完毕应立即关闭电源。若长期不用，则应取出电池，以免漏液。

2. 液晶显示屏（LCD）

最大显示 1999 或−1999，有自动调零及极性自动显示功能。

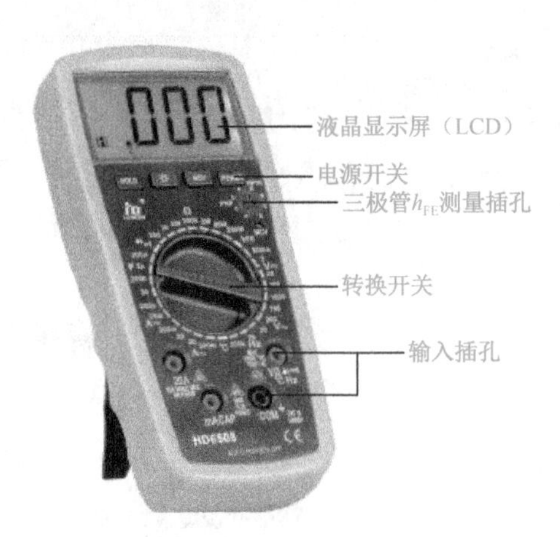

图 2-5　数字万用表的外观

3. 转换开关

转换开关周围用不同颜色和分界线标出各种不同测量种类和量程。

（1）直流电压（DC/V）分 5 挡：200mV、2V、20V、200V、1000V。测量范围为 0.1mV～1000V。

（2）交流电压（AC/V）分 5 挡：200mV、2V、20V、200V、750V。测量范围为 0.1mV～750V。

（3）直流电流（DC/A）分 5 挡：200μA、2mA、20mA、200mA、10A。测量范围为 0.1μA～10A。

（4）交流电流（AC/A）分 5 挡：200μA、2mA、20mA、200mA、10A。测量范围为 0.1μA～10A。

（5）电阻（Ω）分 6 挡：200Ω、2kΩ、20kΩ、200kΩ、2MΩ、20MΩ。

4. 输入插孔

输入插孔共有 10A、mA、COM、VΩ 4 个。

5. 三极管 h_{FE} 测量插孔

测三极管的参数 h_{FE} 时，注意相应的三极管的引脚插孔。

注意：在测量过程中，黑表笔始终插在 COM 孔内，红表笔则根据具体测量对象插入不同的孔。在使用各电阻挡、二极管挡、通断挡（蜂鸣器挡）时，红表笔插入 VΩ 孔（带正电），这与模拟式万用表在各电阻挡时的表笔带电极性恰好相反，使用时应持别注意。面板下方还有“10AMAX”或“200mAMAX”和“750VAC　1000VDC”的标记，前面表示在对应的插孔间所测量的电流值不能超过 10A 或 200mA，后面表示测交流电压不能超过 750V，测直流电压不能超过 1000V。

二、数字万用表的使用方法

由于数字万用表应用了大规模集成电路，使操作变得更简便、读数更准确，而且还具备了较完善的过压、过流等保护功能。

1. 测量直流电压

将电源开关拨至 ON（下同），将转换开关拨至 DC/V 范围内的合适量程挡，若无法预估被测电压的大小，则应先拨至最大量程挡测量一次，再视情况逐渐减小量程挡到合适位置（下同）。红表笔插入 VΩ 孔，再将万用表与被测电路并联，即可进行测量。

注意：量程不同，测量精度也不同。例如，测量一节 1.5V 的干电池，分别用 2V、20V、200V、1000V 挡测量，其测量值分别为 1.552V、1.55V、1.6V、2V。所以，不能用大量程挡去测小电压。

2. 测量交流电压

将转换开关拨至 AC/V 范围内的合适量程挡，表笔接法同测量直流电压，要求被测电压的频率为 45～500Hz（实测为 20Hz～1kHz）。

3. 测量直流电流

将转换开关拨至 DC/A 范围内的合适量程挡，红表笔插入 mA（<200mA）孔或 10A（>200mA）孔，黑表笔插入 COM 孔，把表笔与被测负载串联，即可进行测量。

4. 测量交流电流

将转换开关拨至 AC/A 范围内的合适量程挡，表笔接法同测量直流电流。

5. 测量电阻

将转换开关拨至 Ω 范围内的合适量程挡，红表笔插入 VΩ 孔。电阻挡的最大允许输入电压为 250V（AC 或 DC），250V 指的是操作人员误用电阻挡测量电压时仪表的安全值，并不是表示可以带电测量电阻。

6. 测量二极管

将转换开关拨至有二极管符号的位置，红表笔插入 VΩ 孔，接二极管正极，黑表笔插入 COM 孔，接二极管负极。此时为正向测量，若管子正常，测锗管应显示 0.150～0.300V，测硅管应显示 0.550～0.700V。进行反向测量时，二极管的接法与上述相反，若管子正常，将显示“1”，若管子已损坏，将显示“000”。

7. 测量三极管的 h_{FE}

根据被测管类型（PNP 型或 NPN 型）的不同，将转换开关拨至 PNP 或 NPN 处，再把被测管的 3 个引脚插入相应的 e、b、c 孔内，此时，显示屏将显示出 h_{FE} 值的大小。

8. 检查电路的通断

将转换开关拨至蜂鸣器挡，红、黑表笔分别插入 VΩ 孔和 COM 孔。若被测电路电阻低于规定值（20±10Ω），蜂鸣器可发出声音，说明电路是通的，反之，则不通。由于操作者不需要读出电阻值，仅凭听觉即可作出判断，所以利用蜂鸣器来检查电路，既迅速又方便。

三、使用数字万用表时的注意事项

在使用数字万用表时，要注意以下几点。

（1）仪表的使用和存放应避免高温（>400℃）、低温（<0℃）、阳光直射、潮湿及强烈振动环境。

（2）测量电压时，应将数字万用表与被测电路并联。数字万用表具有自动转换极性的功能，测量直流电压时不必考虑正负极性。但若误用交流电压挡去测量直流电压，或误用直流电压挡去测量交流电压，将显示“000”，或在低位上出现跳数。

（3）测量三极管的 h_{FE} 时，由于工作电压仅为 2.8V，且未考虑 U_{BE} 的影响，因此测量值偏高，只能是一个近似值。

（4）测量完毕，应将转换开关拨至最大电压挡，并关闭电源。若长期不用，还应取出电池，以免电池漏液。

（5）测量交流电压时，应当用黑表笔（接模拟地 COM）去接触被测电压的低电位端（如信号发生器的公共地端或机壳），以消除仪表对地分布电容的影响，减小测量误差。

（6）数字万用表的输入阻抗很高，当两支表笔开路时，外界干扰信号会从输入端输入，显示出没有变化规律的数字。

（7）袖珍式 1/2 位数字万用表的频率特性较差。例如，按照规定，DT-830 型万用表只能测 45～500Hz 的交流电压或交流电流，实际测出的工作频率范围是 20Hz～1kHz，说明该项指标在设计时留有一定余量。

（8）测量电流时，应将数字万用表串联到被测电路中。若电源内阻和负载电阻都很小，应尽量选择较大的电流量程，以减小分流电阻值，减小分流电阻上的压降，提高测量准确度。

（9）严禁在测高压（220V 以上）或大电流（0.5A 以上）时拨动转换开关，以免产生电弧而烧毁开关触点。

（10）测量焊在电路上的元器件时，应当考虑与之并联的其他电阻的影响，必要时可焊开被测元器件的一端再进行测量；对于三极管，则需焊开两个极，才能作全面测量。

（11）严禁在被测电路带电的情况下测量电阻，也不允许测量电池的内阻。在检查电气设备上的电解电容时，应切断设备上的电源，并将电解电容上的正、负极短路一下，防止电容上积存的电荷经万用表泄放，损坏仪表。

技能三　MF-47 型万用表的使用与测量

一、MF-47 型万用表的使用

模拟式万用表由表头、测量电路、转换开关及外壳等组成。表头用来指示被测量的数值；测量电路用来将各种被测量转换为适合表头测量的微小直流电流；转换开关用来实现对不同测量电路的选择，以适合各种被测量的要求。模拟式万用表的型号非常多，这里我们以 MF-47 型万用表为例，如图 2-6 所示。

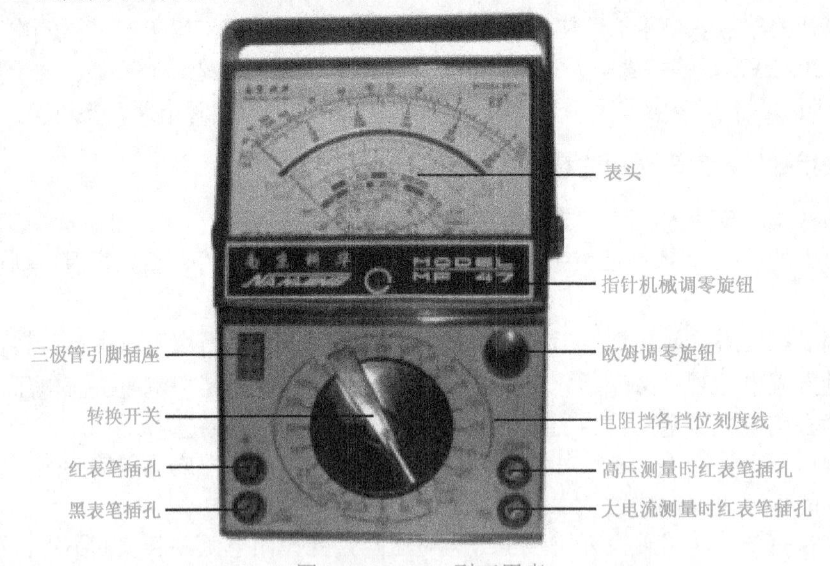

图 2-6　MF-47 型万用表

模拟式万用表的使用步骤如下：机械调零→插孔选择→测量项目（种类）及量程的选择→测量→读出刻度盘指针指示值→换算。

1．机械调零

将万用表平放，看指针是否指在零位上，若没有指在零位上，则可调整指针机械调零旋钮，使指针指准零位。

2．插孔选择

红表笔插入标有“+”的插孔，黑表笔插入标有“–”的插孔。在测量直流电流和直流电压时，红表笔应接被测电路的正极，黑表笔接负极。

若不清楚被测电路的正负极性，可用以下方法判别：估计电流或电压值的大小并选择一个合理量程，将黑表笔接在被测电路的任一极上，同时将红表笔在另一极上触碰一下，若指针正向偏转，则表明红表笔接的是正极，黑表笔接的是负极，若指针反偏，则相反。

3．测量项目及量程的选择

（1）所谓测量项目选择，就是根据不同的被测量将转换开关拨至正确的位置。若测量电阻，则将转换开关拨至标有“Ω”的区间。

（2）合理选择量程的标准：测量电压和电流时，应使指针偏转至满刻度的1/2～2/3处，即一般选量程时，应尽量使指针有较大的偏转角度；测量电阻时，为了提高测量准确度，应使指针尽可能地接近刻度尺的中间位置。

二、MF-47型万用表的测量

1．万用表测量电压

测量直流电压时，预估被测电压的大小，然后将转换开关拨至合适的直流电压量程挡，将红表笔接被测电压正极，黑表笔接被测电压负极，万用表与被测电路并联，根据该挡量程数字与标有符号“DCV,A”的刻度线（第2条线）上的指针所指的数字，读出被测电压的大小，如图2-7所示。

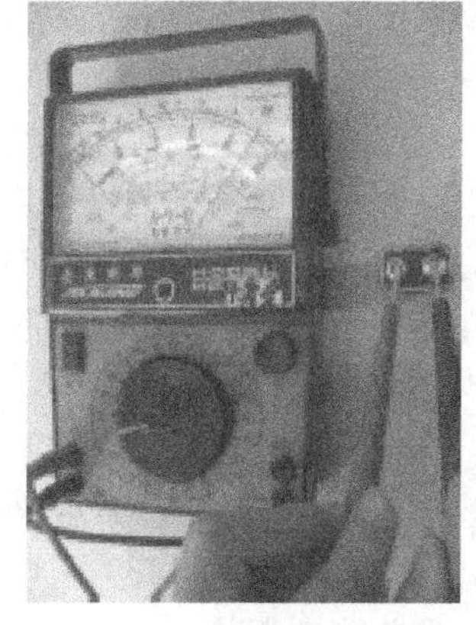

图2-7　万用表测量直流电压

测量交流电压的方法与测量直流电压相似，所不同的是交流电没有正负之分，所以测量交流时，表笔也就不需分正负。测量交流电压的读数方法与上述的测量直流电压的读法一样，只是数字应看标有符号“ACV”的刻度线上的指针位置。如果误用直流电压挡去测交流电压，指针会不动或略微抖动；如果误用交流电压挡去测直流电压，读数可能偏高，也可能为零（和万用表的接法有关）。

在计算实际值时，由于电压、电流挡是满刻度值挡（即指针指到满刻度时的值就是电压、电流挡的量程值），因此其换算关系为

$$实际电压值=\frac{所选量程电压值}{满刻度值}\times 指针指示值$$

2．万用表测量电流

测量直流电流时，预估被测电流的大小，然后将转换开关拨至合适的直流电流量程挡，再将万用表串联在电路中，红表笔接电流的流入方向，黑表笔接电流的流出方向，表头作出

指示。测量电流时，若电源内阻和负载电阻都很小，应尽量选择较大的电流量程，减小分流电阻值，减小对被测电路工作状态的影响。电流的实际值和电压的实际值计算方法一样。

图 2-8　万用表测量电阻

3．万用表测量电阻

测量前，应先进行调零，即把两支表笔短路，同时调节面板上的欧姆调零旋钮，使指针指在电阻刻度零点。若调不到零点，则说明万用表内电池电压不足，需更换电池。每换一次倍率挡，都要再次进行欧姆调零，以保证测量准确，如图 2-8 所示。测量时，将万用表与被测电阻并联，在读数时，当指针指示于满刻度的 1/3～2/3 时，测量准确度最高，读数最准确。

指针指示值乘以倍率，就是所测电阻的电阻值，即

电阻值=指针指示值×所选倍率

注意： 在测量过程中，不要用双手捏住表笔的金属部分和被测电阻，否则人体本身电阻会影响测量结果，尤其在测量大电阻时，影响更加明显。严禁在被测电路带电情况下测量电阻，如果电路中有电容，则应先将其放电后再进行测量。

4．万用表测量三极管直流参数

（1）测量直流放大系数 h_{FE}

先转动开关至三极管调节 ADJ 位置，将红、黑表笔短接，调节欧姆调零旋钮，使指针对准 $300h_{FE}$ 刻度线，然后转动开关到 h_{FE} 位置，将待测的三极管插入三极管引脚插座，指针偏转所指示数值约为三极管的直流放大系数。NPN 型三极管和 PNP 型三极管引脚应插入相应的插孔。

（2）测量反向截止电流 I_{CEO}、I_{CBO}

I_{CEO} 为集电极与发射极间的反向截止电流（基极开路）。I_{CBO} 为集电极与基极间的反向截止电流（发射极开路）。将转换开关拨至×1k 挡，将红、黑表笔短接，进行欧姆调零（此时满刻度电流值约为 90μA），分开两支表笔，然后将待测的三极管插入插座，此时指针指示值约为三极管的反向截止电流值，指针指示的刻度值乘以 1.2 即为实际值。当 I_{CEO} 大于 90μA 时，可换用×100 挡进行测量（此时满刻度电流值约为 900μA）。

（3）三极管引脚极性的辨别（将万用表置于×1k 挡）

① 判定基极 b。由于 bc 和 be 之间分别是由 PN 结组成的，它的反向电阻较大，而正向电阻很小。测量时可任意取三极管一脚假定为基极，将红表笔接“基极”，黑表笔分别去接触另外两个引脚，若此时测得的都是小阻值，则红表笔所接触的引脚即为基极 b，并且是 PNP 型管（若用此方法测得的均为大阻值，则为 NPN 型管）；若测量时两个引脚的阻值差异很大，则可另选一个引脚为假定基极，直至满足上述条件为止。

② 判定集电极 c。对于 PNP 型三极管，当集电极接红表笔、黑表笔接发射极时，电流放大倍数较大，指针偏转角度较大。测量时假定红表笔接集电极 c，黑表笔接发射极 e，记下此时的阻值，然后黑、红表笔交换测量，将测得的阻值与第一次阻值相比，阻值较小的那次测量中，红表笔接的是集电极 c，黑表笔接的是发射极，该三极管为 PNP 型三极管。

而 PNP 型三极管的测量方法则相反。

注意：以上介绍的测量方法，一般都用×100、×1k 挡。若用×10k 挡测量，则因该挡用 15V 的较高电压供电，可能将被测三极管的 PN 结击穿；若用×1 挡测量，则因电流过大（约为 90mA），也可能损坏被测三极管。

2.2　项目基本知识

知识点一　万用表的基础知识

一、万用表的分类

万用表种类繁多，根据其测量原理、测量结果的显示方式进行分类，一般可分为模拟式万用表和数字式万用表两大类。

模拟式万用表是先通过一定的测量机构，将被测的模拟量转换成电流信号，再由电流信号去驱动表头指针偏转，通过相应的刻度盘读数即可得出被测量的大小，如图 2-9 所示。所以，模拟式万用表又称为指针式万用表，简称模拟万用表、指针万用表。数字式万用表是先由 A/D 转换器将被测模拟量转换成数字量，然后通过电子计数器计数，最后将测量结果以数字形式直接显示在显示屏上，如图 2-10 所示。

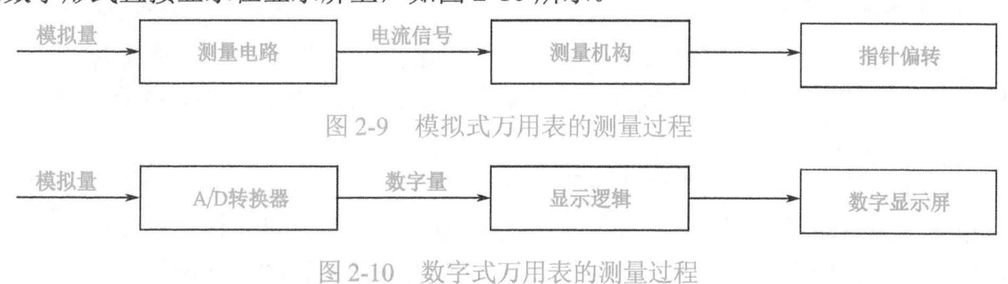

图 2-9　模拟式万用表的测量过程

图 2-10　数字式万用表的测量过程

二、指针万用表和数字万用表的区别

从结构上看，数字万用表与指针万用表的主要区别有两点：第一，数字万用表是在数字电压表的基础上扩展而成的，而指针万用表则是在电流表的基础上扩展而成的；第二，在数字万用表中，以 A/D 转换器、显示逻辑及显示屏 3 个独立的逻辑组件来代替指针万用表简单的表头。

万用表以测量电压、电流、电阻三大参量为主，而指针表和数字表在功能上的主要区别有以下几点。

1. 读取精度

指针表读取精度较差，但指针摆动的过程比较直观，其摆动速度幅度有时也能比较客观地反映被测量的大小。数字表读数直观，但数字变化的过程看起来很杂乱，不易观察。

2. 配备电池

指针表内一般有两块电池，一块是低电压（1.5V），一块是高电压（9V 或 15V），其黑表笔连接内部电源的正极，红表笔连接内部电源的负极。数字表则常用一块 6V 或 9V 的电池，红表笔接电源的正极。

3．电压挡

利用电阻挡时，指针表的输出电流比数字表的输出电流要大得多，使用×1 挡可以使扬声器发出响亮的“哒”声，使用×10k 挡可以点亮发光二极管（LED）。利用电压挡时，指针表内阻比数字表内阻要小，测量精度相应较差，某些高电压、微电流的场合甚至无法准确测量，因为其内阻会对被测电路造成影响（例如，在测电视机显像管的加速级电压时，测量值会比实际值低很多）；数字表电压挡的内阻很大（一般为兆欧级），对被测电路影响很小。

4．适用范围

对大电流、高电压的模拟电路进行测量时，可采用指针表，如电视机、音响功放等。对低电压、小电流的数字电路进行测量时，可采用数字表，如 BP 机、手机等。在实际应用中，可根据情况选用指针表和数字表。

三、MF-47 型万用表的工作原理

MF-47 型万用表的基本工作原理是利用一只灵敏的磁电式直流电流表（微安表）做表头。当微小电流通过表头时，就会有电流指示，但表头不能通过大电流，所以必须在表头上并联与串联一些电阻进行分流或降压，从而测出电路中的电流、电压和电阻。

1．测量直流电流原理

如图 2-11（a）所示，在表头上并联一个适当的电阻（分流电阻）进行分流，就可以扩展电流量程。改变分流电阻的阻值，就能改变电流的测量范围。

2．测量直流电压原理

如图 2-11（b）所示，在表头上串联一个适当的电阻（倍增电阻，或称降压电阻）进行降压，就可以扩展电压量程。改变降压电阻的阻值，就能改变电压的测量范围。

3．测量交流电压原理

如图 2-11（c）所示，因为表头是直流表，所以测量交流时，需要加装一个并串式半波整流电路，将交流进行整流变成直流后再通过表头，这样就可以根据直流电的大小来测量交流电压了。扩展交流电压量程的方法与扩展直流电压量程的方法相似。

4．测量电阻原理

如图 2-11（d）所示，在表头上并联和串联适当的电阻，同时串接一节电池，使电流通过被测电阻，根据电流的大小，就可测量出电阻值。改变分流电阻的阻值，就能改变电阻的量程。

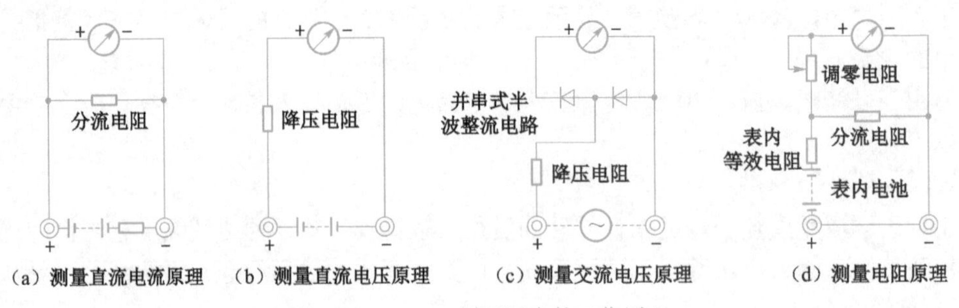

图 2-11 MF-47 型万用表的工作原理

5．MF-47 型万用表的其他功能

（1）电平测量：该功能主要用来测量电信号的增益或衰减。测量方法与测量交流电压

的方法基本相似，将转换开关拨至相应的交流电压挡，并使指针有较大的偏转。若被测电路中带有直流电压成分，则可在“+”插孔中串接一个 0.1μF 隔离电容器，测量结果为读数与所用交流电压挡的分贝修正系数值之和。

（2）电容测量：将转换开关拨至交流 10V 挡，被测电容串接于任一表笔，而后跨接于 10V 交流电压电路中进行测量。

（3）电感测量：与电容测量方法相同。

四、指针万用表的使用注意事项

为了测量时获得良好的效果及防止由于使用不当而使仪表损坏，仪表在使用时应遵守下列注意事项。

（1）仪表在测量时不能旋转开关或旋钮，尤其在测电流、电压时，不能带电转换量程。

（2）当不能确定被测量的大概范围时，应将转换开关拨至最大量程挡，然后再选择合适的量程，使指针得到最大的偏转。

（3）测量电路中的电阻阻值时，应先将电路的电源切断，如果电路中有电容器，则应先将其放电后才能测量，切勿在电路带电情况下测量电阻。

（4）测量直流电流时，仪表应与被测电路串联，禁止将仪表直接跨接在被测电路的电压两端，以防仪表超过负荷而损坏。

（5）仪表在每次用完后，需将转换开关拨至 OFF 挡或最大交流电压挡，防止因误置开关位置进行测量而使仪表损坏。

知识点二　数字万用表的基础知识

一、数字万用表的主要特点

1. 显示特点

数字万用表采用先进的数字显示技术，显示直观、清晰，读取准确，既符合人们的读数习惯，又保证了读数的客观性。

目前，许多数字万用表还增添了符号显示功能，包括单位符号、测量项目符号、特殊符号。有的数字万用表还在显示屏的小数点下边设置了量程符号。此外，许多数字万用表设置了带模拟图形的双显示或多重显示模式。这类仪表更好地结合了数字万用表和模拟万用表的显示优点，使得数字万用表在使用和测量时更加方便。

2. 测量功能

数字万用表可以测量直流电压/电流、交流电压/电流、电阻、二极管、三极管共发射极电流放大系数、温度、频率、电容，并具有蜂鸣器挡和低功率法测电阻挡。有的数字万用表还设有信号挡和电感挡，并具有数模转换功能。

3. 显示位数

数字万用表的显示位数有 $3\frac{1}{2}$位、$3\frac{2}{3}$位、$3\frac{3}{4}$位、$4\frac{1}{2}$位、$5\frac{1}{2}$位、$6\frac{1}{2}$位、$7\frac{1}{2}$位、$8\frac{1}{2}$位，共 8 种。它表示了数字万用表的最大显示量程和精度，是数字万用表非常重要的一种参数。数字万用表的显示位数都是由 1 个整数和 1 个分数组成的。其中，分数中的分子表示该仪表最高位所能显示的最大数字；分母则是最大极限量程时最高位的数字；而分数前面的整数表示最高位后的位数。通常，便携式数字万用表多为$3\frac{1}{2}$位，而$3\frac{2}{3}$位、$4\frac{1}{2}$位、$5\frac{1}{2}$位及以上的大多为台式数字万用表。

4. 分辨率

分辨率是表示数字万用表灵敏度大小的重要参数，它随显示位数的增加而提高。对电压表而言，分辨率是数字电压表能够显示的被测电压的最小变化值，即为显示屏的末位跳变一个数字所需要的最小输入电压值。例如，最小量程为 200mV、$3\frac{1}{2}$位的数字电压表显示为 199.9mV，那么末位跳变一个数字所需要的最小输入电压是 0.1mV，则这个数字电压表的分辨率就为 0.1mV。

二、有关 BM890 型便携式数字万用表的其他说明

1. 工作条件

BM890 型便携式数字万用表的工作温度为 0～40℃，保证准确度温度为 23±5℃，存储温度为-10～50℃，工作频率为 40～400Hz。

2. 显示特性

（1）最大显示为 1999（$3\frac{1}{2}$位）。

（2）全量程过载保护。

（3）自动关机。开机约 15min 以后仪表自动切断电源。

3. 基本性能

（1）直流基本精度为±0.5%。

（2）具备全量程保护功能。

（3）机内电池：9V NEDA 或 6F22 或等效性。

三、数字万用表的组成

数字万用表主要由输入功能选择电路、A/D 转换器、显示屏 3 个部分组成，其组成框图如图 2-12 所示。

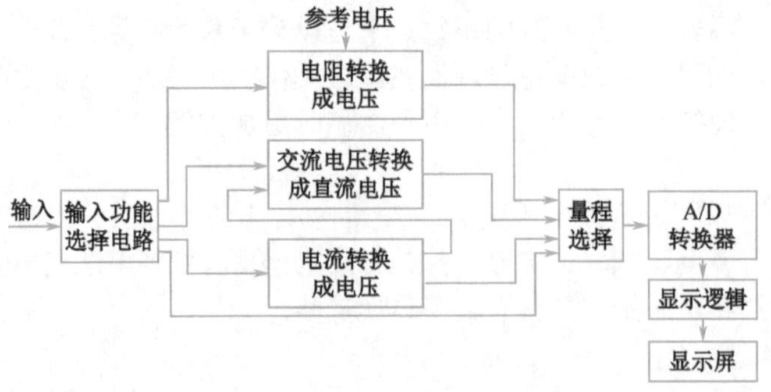

图 2-12 数字万用表的组成框图

被测量经输入功能选择电路，通过电流-电压转换器、交流-直流转换器、电阻-电压转换器，转换成直流电压量，经放大或衰减电路的 A/D 转换器后，在相应的功能转换器与量程选择部分的配合下，由译码电路和显示屏将被测量的电学量高精度地以数字形式显示出来。

2.3 项目综合训练

技能训练　万用表的使用

一、技能训练目的

（1）熟练掌握指针万用表的使用方法和使用注意事项。
（2）熟练掌握数字万用表的使用方法和使用注意事项。

二、技能训练设备

MF-47 型指针万用表、AT-9205B 型数字万用表，电阻、电容、二极管、三极管各若干。

三、MF-47 型指针万用表的操作实例技能训练

利用 MF-47 型指针万用表测量，操作步骤及注意事项如表 2-4 所示。

表 2-4　MF-47 型指针万用表的操作步骤及注意事项

测量项	操作实物图	操作步骤	注意事项
测量前的准备		① 打开万用表背面电池盖板，将 1.5V 和 9V 电池各一节装入电池夹 ② 将万用表水平放置，观察指针是否指在机械零位上，若没有指在零位上，则可调整指针机械调零旋钮，使指针指准零位	① 电池安装时极性不能装反 ② 测量某物理量就用该物理量所在挡，不能用其他挡，否则将烧断表内熔丝或损坏表头 ③ 若事先不知道应选多大量程，则用最大量程测量，然后断开测量电路转换到合适挡，切不可带电转换量程 ④ 若测量中发现指针迅速偏转到底，则应立即断开电路进行检查
测量电阻	正确图 错误图	① 将转换开关拨至电阻挡中合适的电阻倍率挡（可先用最大量程测量，然后断开测量电路转换到合适挡） ② 将两支表笔短接，调整欧姆调零旋钮，使指针对准欧姆零点，然后分开表笔进行测量 ③ 若电阻连接在电路中，应先将电源断开，再将电阻从电路中断开或取出 ④ 将表笔分别接到被测电阻的两端，如左侧正确图所示 ⑤ 读数，并填写表 2-5：电阻值=指针指示值×所选倍率 ⑥ 当测量电解电容漏电电阻时，将转换开关拨至×1k 挡，红表笔必须接电容负极，黑表笔接电容正极	① 选择合适的倍率，使指针停止时指示在刻度盘中间部分，避免使用刻度左、右边 1/3 的部分（精度很差） ② 每次换挡测量前都要调零。若调不到零点，通常是表内电池电压不足造成的，需换新电池 ③ 不能带电测量电阻 ④ 被测电阻不能有并联支路。测量电阻时，不要用手触及元器件的两端（或两支表笔的金属部分），以免人体电阻与被测电阻并联，使测量结果不准确，如左侧错误图所示 ⑤ 测量三极管、电解电容等极性元器件的等效电阻时，必须注意两支表笔的极性 ⑥ 用万用表不同倍率的电阻挡测量非线性元器件的等效电阻时，测出电阻值是不相同的（由于各挡位的中值电阻和满度电流各不相同造成的，机械表中，一般倍率越小测出的阻值越小）

续表

测量项	操作实物图	操作步骤	注意事项
测量交/直流电压		① 测量交流 10～1000V 或直流 0.25～1000V 时，将转换开关拨至所需电压挡；当测量值超过 1000V 时，红表笔插入 2500V 孔，将转换开关拨至交/直流 1000V 挡 ② 将两支表笔分别接到被测电路的两端 ③ 读数，并填写表 2-5：交/直流电压值=V/格×格数	① 选择合适的量程挡，使指针指示在刻度盘的 1/2～2/3 处（误差小） ② 交流电压没有正负之分，则红、黑表笔也不用分正负极 ③ 测量直流电压时，要注意红表笔接正极，黑表笔接负极
测量直流电流	正确图 错误图	① 测量 0.05～500mA 的直流电流时，将转换开关拨至合适的电流量程挡；测量 500mA 以上的直流电流时，将转换开关拨至 500mA 电流量程挡，而红表笔插入 10A 孔 ② 测量时，将万用表串联在被测电路中，且电流为正进负出的方向，即红表笔接流入端，黑表笔接流出端 ③ 读数，并填写表 2-5：电流值=I（mA）/格×格数	① 选择合适的量程挡，使指针指示在刻度盘的 1/2～2/3 处（误差小） ② 测量电流时，应将万用表串联在被测电路中，不能并联接在被测电路中，否则万用表将会被烧毁 ③ 注意被测电量极性不要接错，若发现指针反转，应立即调换表笔，以免损坏指针及表头，如左侧错误图所示 ④ 正确选用刻度尺读数
测量后万用表放置		① 用完万用表后，将转换开关拨至 OFF 挡或最大交流电压挡 ② 将红、黑表笔从插孔中拔出	① 万用表不用时，不要将转换开关拨至电阻挡，因为内有电池，若不小心两表笔相碰短路，会耗费电池，严重时甚至损坏表头 ② 若长期不使用仪表，应取出电池，以防电液溢出腐蚀损坏其他零件

将测量结果填入表 2-5。

表 2-5 用 MF-47 型指针万用表测量电阻、电压、电流

测量项	电阻		直流电压		交流电压		直流电流		交流电流	
	R_1	R_2	U_1	U_2	u_1	u_2	I_1	I_2	i_1	i_2
量程										
读数										
计算值										

四、AT-9205B 型数字万用表的操作实例技能训练

利用 AT-9205B 型数字万用表测量，操作步骤及注意事项如表 2-6 所示。

表 2-6　AT-9205B 型数字万用表的操作步骤及注意事项

测量项	操作实物图	操作步骤	注意事项
测量直流电压		① 将黑表笔插入 COM 孔，红表笔插入 VΩ 孔 ② 将转换开关拨至V⎓范围内的合适量程挡 ③ 表笔与被测电路并联，红表笔接被测电路高电位端，黑表笔接被测电路低电位端 ④ 读出读数，计算电压的实际值，填写表 2-7	该仪表不得用于测量高于 1000V 的直流电压
测量交流电压		① 表笔插法与测量直流电压相似 ② 将转换开关拨至 V～范围内的合适量程挡 ③ 表笔与被测电路并联，但红、黑表笔不用分极性 ④ 读出读数，计算电压的实际值，填写表 2-7	该仪表不得用于测量高于 700V 的交流电压
测量直流电流		① 将黑表笔插入 COM 孔，测量最大值不超过 200mA 的电流时，红表笔插入 mA 孔；测量 200mA～20A 范围的电流时，红表笔应插入 20A 孔 ② 将转换开关拨至 A⎓范围内的合适量程挡 ③ 将仪表串入被测电路，红表笔接高电位端，黑表笔接低电位端 ④ 读出读数，计算电流的实际值，填写表 2-7	① 如果量程选择不对，过量程电流会烧坏熔丝，应及时更换 ② 最大测量电流为 20A
测量交流电流		① 表笔插法与测量直流电流相似 ② 将转换开关拨至 A～范围内的合适量程挡 ③ 将仪表串入被测电路，红、黑表笔不用分极性 ④ 读出读数，计算电流的实际值，填写表 2-7	同测量直流电流

续表

测量项	操作实物图	操作步骤	注意事项
测量电阻	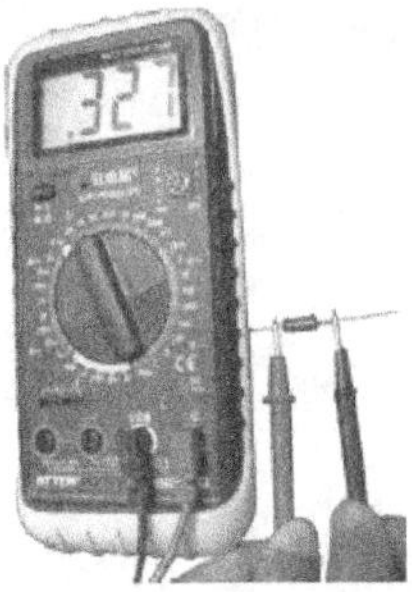	① 将黑表笔插入 COM 孔，红表笔插入 VΩ 孔(红表笔极性为“+”) ② 将转换开关拨至Ω范围内的合适量程挡 ③ 红、黑表笔各与被测电阻的一端接触 ④ 读出读数，计算电阻的实际值，填写表 2-7	① 当表笔处于开路状态时，显示“1” ② 测量接在电路中的电阻时，不能带电测量，需要首先断开电路中的所有电源，再将被测电阻从电路中拆下后才能测量 ③ 所测电阻的值直接按所选量程的单位读数 ④ 测量大于 1MΩ 的电阻时，示数几秒钟后方能稳定，属正常现象
测量电容		① 将转换开关拨至 F 范围内的合适量程挡 ② 将待测电容两脚直接插入 Cx 插孔（不用表笔）即可读数，填写表 2-8	① 不需考虑电容的极性 ② 电容插入前，每次转换量程时都会有飘移数字存在，稍等片刻即可恢复，不影响测量精度 ③ 测量大容量电容时，同样需要一定时间后方能读数稳定
测量二极管		① 将黑表笔插入 COM 孔，红表笔插入 VΩ 孔（红表笔极性为“+”）； ② 将转换开关拨至有二极管符号的位置 ③ 红表笔接二极管正极，黑表笔接其负极，即可测得二极管正向导通时的电压近似值，反之测得的电压值很大，由此可判断二极管的正负极，填写表 2-8	不能带电测量，需要首先断开电路中的所有电源，再将二极管从电路中拆下后才能测量
测量三极管	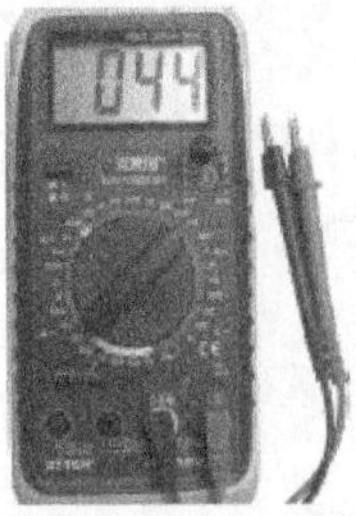	① 将转换开关拨至 h_{FE} 位置 ② 将已知 PNP 型或 NPN 型三极管的 3 个引脚分别插入仪表面板右上方的对应插孔（不用表笔），显示屏将显示出 h_{FE} 近似值	测量条件为：I_B=10mA，U_{CE}=2.8V

将测量结果填入表 2-7、表 2-8。

表 2-7　用 AT-9205B 型数字万用表测量电阻、电压、电流

测量项	电阻		直流电压		交流电压		直流电流		交流电流	
	R_1	R_2	U_1	U_2	u_1	u_2	I_1	I_2	i_1	i_2
量程										
读数										
计算值										

表 2-8　用 AT-9205B 型数字万用表测量电容、二极管

元器件	元器件图及符号	测量值	测量结果
电容			
	+ −		
二极管			引脚 1 为：（正、负） 引脚 2 为：（正、负）
			引脚 1 为：（正、负） 引脚 2 为：（正、负）

五、技能训练考评表

通过以上的技能训练练习，将技能训练考核内容认真做完，并且将考核评分填写到表 2-9 中。

表 2-9　技能训练考评表

考核项目	序号	考核要求	配分	评分标准	考核记录	得分
万用表的使用方法	1	使用前的准备工作符合要求	5	万用表使用前的检测不正确扣 5 分		
	2	电源和挡位	5	不按照要求自检扣 5 分		
	3	熟悉万用表各挡位、量程的作用	10	不熟悉各挡位扣 2 分，不熟悉各量程的功能扣 2 分		
电阻、电压、电流、电容、二极管的测量	4	电阻的测量	10	操作不正确不完整扣 5 分 挡位、连接不正确各扣 5 分，计算不正确扣 5 分		
	5	交流电压、直流电压的测量	15			
	6	交流电流、直流电流的测量	15	挡位、连接不正确各扣 5 分，计算不正确扣 5 分		
	7	电容的测量	5	挡位错误扣 5 分		
	8	二极管的测量	15	挡位、连接不正确各扣 5 分，极性判断不正确扣 5 分		

续表

考核项目	序号	考核要求	配分	评分标准	考核记录	得分
安全文明	9	安全操作	10	测量完毕不关所用仪表扣10分		
	10	清理现场	10	不按要求清理现场扣10分		
备注：					总分：	

项目评估检查

一、填空题

1．模拟式万用表由__________、__________及__________3个主要部分组成。

2．2000Ω/V DC表示____。

3．数字万用表主要由__________、__________、__________3个部分组成。

4．从结构上看，数字万用表与指针万用表的主要区别有两点：第一，______________________________；第二，______________________________。

二、简答题

5．用万用表测量电阻时，转换一次量程就要调一次零，为什么？

6．在带电测量电压时，能不能转换量程？为什么？

7．用指针万用表测量电流时有哪些注意事项？

8．用数字万用表测量电压时有哪些注意事项？

三、操作题

9．利用万用表测量电阻值。

要求：

（1）先根据色环法读取各电阻的标称阻值及允许偏差。

（2）将万用表调至电阻挡，测量各电阻的实际阻值。

（3）计算各阻值的实际误差并判断其质量好坏。

（4）将测量结果填入表2-10。

表2-10 利用万用表测量电阻值

序号	标称阻值	实际阻值	允许偏差	实际误差	质量好坏
1					
2					
3					
4					
5					

10．直流电路中电流与电压的测量。

要求：

（1）按照图 2-13 连接电路。

（2）确认连接无误后接通电源。

（3）将万用表调至直流电流挡，依次测量 AB、BD、CE、HF 支路的电流与电压，并填入表 2-11。

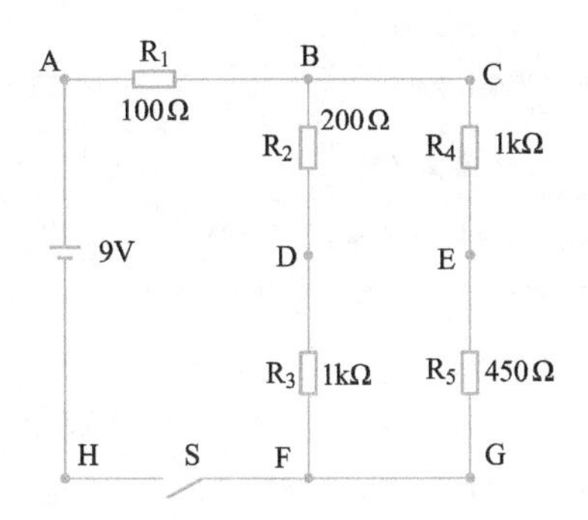

图 2-13　直流电路中电流与电压的测量

表 2-11　直流电路中电流与电压的测量

测量支路	AB	BD	CE	HF
电流值				
电压值				

四、项目评价评分表

11．自我评价、小组互评及教师评价

评价项目	项目评价内容	分值	自我评价	小组互评	教师评价	得分
理论知识	① 了解万用表的工作原理	10				
	② 熟悉万用表的使用方法	10				
	③ 熟悉万用表各旋钮及开关的功能	10				
实操技能	① 熟悉万用表各旋钮及开关的操作，会用万用表测量电压、电流	20				
	② 用万用表测量三极管放大系数	15				
	③ 用万用表测量电容	10				
	④ 用万用表测量二极管并判断二极管的好坏	10				
	⑤ 用万用表测量电阻	5				
安全文明	① 安全操作	5				
	② 清理现场	5				

12．小组学习活动评价表

班级：__________ 小组编号：__________ 成绩：__________

评价项目	评价内容及评价分值			自评	互评	教师评分
分工合作	优秀（12～15分）	良好（9～11分）	继续努力（9分以下）			
	小组成员分工明确，任务分配合理，有小组分工职责明细表	小组成员分工较明确，任务分配较合理，有小组分工职责明细表	小组成员分工不明确，任务分配不合理，无小组分工职责明细表			
获取与项目有关质量、市场、环保等内容的信息	优秀（12～15分）	良好（9～11分）	继续努力（9分以下）			
	能从网络等多种渠道获取信息，并能合理地选择信息、使用信息	能从网络等多种渠道获取信息，并能较合理地选择信息、使用信息	能从网络等多种渠道获取信息，但信息选择不正确，信息使用不恰当			
实际技能操作	优秀（16～20分）	良好（12～15分）	继续努力（12分以下）			
	能按技能目标要求规范地完成每项实操任务	能按技能目标要求较规范地完成每项实操任务	能按技能目标要求完成每项实操任务，但规范性不够			
基本知识分析讨论	优秀（16～20分）	良好（12～15分）	继续努力（12分以下）			
	讨论热烈，各抒己见，概念准确，原理思路清晰，理解透彻，逻辑性强，并有自己的见解	讨论没有间断，各抒己见，分析有理有据，思路基本清晰	讨论能够展开，分析有间断，思路不清晰，理解不透彻			
成果展示	优秀（24～30分）	良好（18～23分）	继续努力（18分以下）			
	能很好地理解项目的任务要求，成果展示逻辑性强，熟练利用信息技术（电子教室网络、互联网、大屏等）进行成果展示	能较好地理解项目的任务要求，成果展示逻辑性较强，能较熟练利用信息技术（电子教室网络、互联网、大屏等）进行成果展示	基本理解项目的任务要求，成果展示停留在书面和口头表达，不能熟练利用信息技术（电子教室网络、互联网、大屏等）进行成果展示			
总分						

项目总结

万用表是电工电子测量中最常用的一种仪表。通过对本项目的学习，我们可以了解万用表的构造、分类，掌握万用表的使用方法，牢记万用表的使用注意事项，规范我们的操作规程，为我们今后正确应用各种仪器仪表奠定基础。

项目三 兆欧表的测量与使用

项目情境创设

电气设备受热和受潮时，绝缘材料容易老化，其绝缘电阻就会降低，从而造成漏电或短路。为了避免这类事故发生，需要经常测量各种电气设备的绝缘电阻，判断其绝缘程度是否满足需要。而绝缘电阻一般数值较高（一般为兆欧级），可以用兆欧表测量，如图 3-1 所示。

图 3-1　兆欧表的应用

项目学习目标

学习目标		学习方式	学时
技能目标	① 熟悉兆欧表的接线 ② 熟练使用兆欧表 ③ 掌握兆欧表的使用注意事项	理论讲授、实训操作	4
知识目标	① 了解兆欧表的功能 ② 认识兆欧表的刻度指示及标识含义	理论讲授、实训操作	2
情感目标	通过网络搜索查询认识各种兆欧表，了解兆欧表的使用方法，提高同学们对兆欧表使用重要意义的认识；通过小组讨论，培养获取信息的能力；通过相互协作，提高团队意识	网络查询、小组讨论、相互协作	课余时间

3.1 项目基本技能

技能一 兆欧表的认知

兆欧表是一种专门用来测量被测设备绝缘电阻或高值电阻的可携带式仪表，其表盘刻度以兆欧作为计量单位，故而称为兆欧表。另外，兆欧表还有绝缘电阻表、摇表、迈格表（译音）、高阻计等一些名称。它具有携带方便、操作简单等特点。

一、兆欧表的面板说明

兆欧表的种类很多，但其作用大致相同，常用的有电池型（又称为晶体管型，如ZC-14型、ZC-30型）和发电机型（如ZC-7型、ZC-11型、ZC-25型）两种，如图3-2所示。

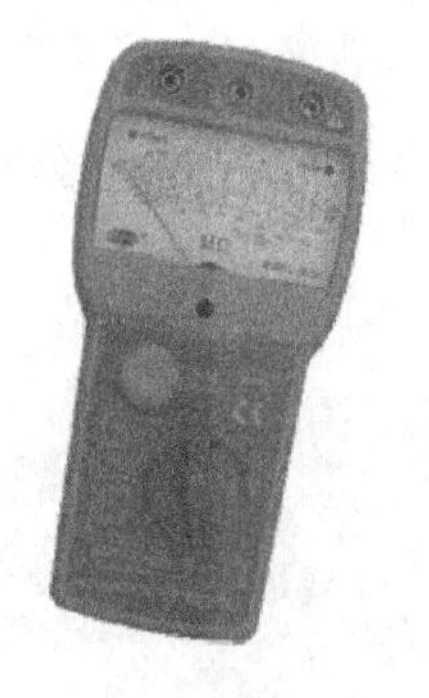
(a) 电池型兆欧表

(b) 发电机型兆欧表

图3-2 兆欧表

发电机型兆欧表又称为绝缘电阻表或摇表，是测量电气设备绝缘电阻的常用仪表。发电机型兆欧表一般由磁电式流比计、电压较高的手摇发电机及测量电路组成。发电机型兆欧表的分类是由发电机发出的最高电压来决定的，电压越高，测量绝缘电阻的范围就越大，常见的有0～500MΩ、0～2500MΩ 等。

兆欧表的接线柱有3个，分别为“线路”（L）、“接地”（E）、“屏蔽”（G），如图3-3所示。测量电力线路或照明线路的绝缘电阻时，L接线柱接被测线路，E接线柱接地线。测量电缆的绝缘电阻时，为使测量结果准确，消除芯线绝缘层表面漏电所引起的测量误差，还应将G接线柱引线接到电缆的绝缘层上。

图3-3 兆欧表的接线柱

二、兆欧表的技术性能和指标

大功率高压兆欧表的技术性能和指标如表 3-1 所示。

表 3-1　大功率高压兆欧表的技术性能和指标

技术性能	指标
使用条件	环境温度：0～45℃ 相对湿度：≤85%RH
输出电压等级、测量范围、分辨率误差	输出电压等级：100V、250V、500V、1000V 测量范围：0～19990MΩ 分辨率：0.01MΩ、0.1MΩ、1.0MΩ、10.0MΩ 相对误差：≤±4%±d
输出最高电压带载能力和短路电流	电压/负载：1000V/20MΩ 短路电流：＞1.6mA
电源的适用范围及功耗	直流：8×1.5V（AA、R6）电池或充电电池 交流：220V/50Hz 功耗：静态功耗≤160mW，最大功率≤2.5W

技能二　用兆欧表测量电动机绝缘电阻

图 3-4　500V 的兆欧表

一、选用兆欧表

选用兆欧表时应注意，测量 500V 以下低压电气设备的绝缘电阻，用额定电压 500V 的兆欧表，如图 3-4 所示。

二、兆欧表测量前检查

测量前，先将兆欧表进行一次开路和短路检测，检查兆欧表是否良好。检测时，先将 L、E 两根连接线断开，摇动手柄，指针应指在“∞”位置，然后将两根连接线短接一下，轻轻摇动手柄，指针应指在“0”位置，否则，说明兆欧表有故障，需要检修，如图 3-5 所示。被测对象的表面应清洁、干燥，以减小误差。在测量前必须切断电源，并将被测设备充分放电。

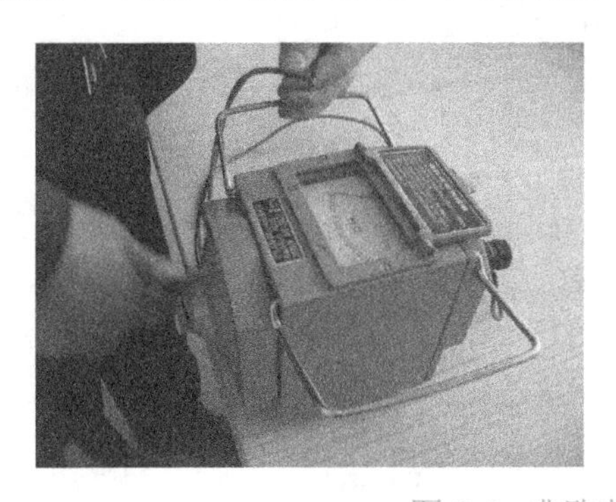

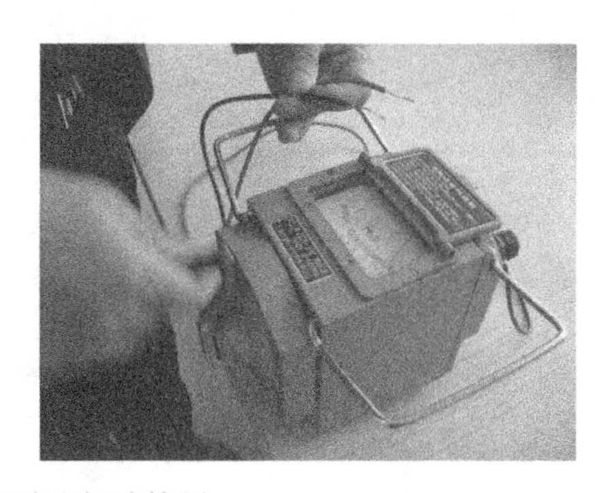

图 3-5　兆欧表的开路和短路检测

三、兆欧表测量过程

测量电动机两绕组间绝缘电阻，连接完好之后，摇动兆欧表手柄，速度由慢变快，并保持速度在 120r/min 左右，观察电阻值并记录，如图 3-6 所示。读数时，以兆欧表达到一定转速 1min 后读取的测量结果为准。再测量电动机绕组和机壳之间的绝缘电阻，方法同上，如图 3-7 所示。若电动机两绕组之间短路，则兆欧表指针摆到“0”点应立即停止摇动手柄，以免烧坏仪表，如图 3-8 所示。

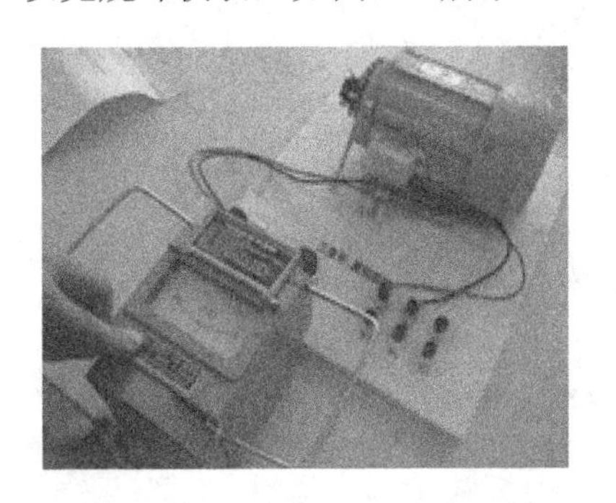

图 3-6　电动机两绕组间绝缘电阻的测量

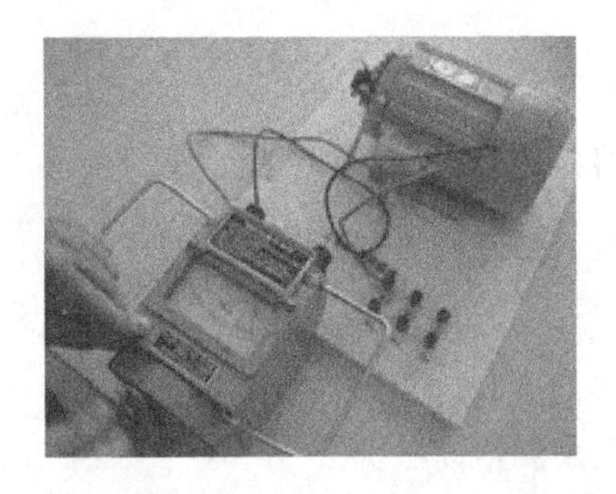

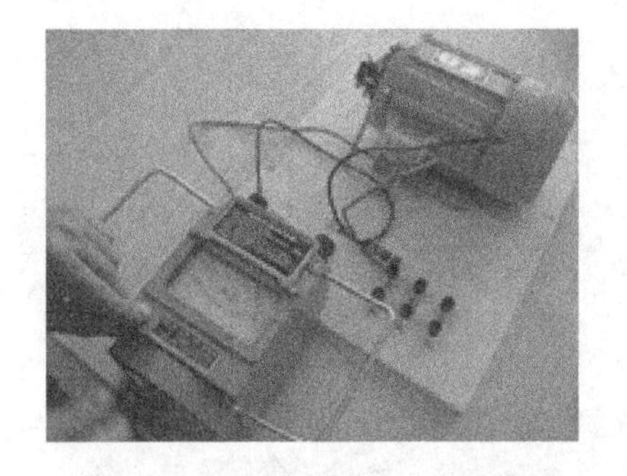

图 3-7　电动机绕组和机壳之间绝缘电阻的测量

图 3-8　被测设备短路的测量

四、记录数据

记录测量结果，另外还需记录对测量结果有影响的环境条件，如温度、湿度、兆欧表电压等级和被测物状况等，填写表 3-2。

表 3-2　电动机绝缘电阻测量表

温　度	湿　度	电压等级	电动机被测项	电　阻　值
			开路检测	
			短路检测	
			每相电阻的测量	
			U、V 相之间	
			V、W 相之间	
			U 相与机壳	
			V 相与机壳	
			W 相与机壳	

五、兆欧表测量后工作

拆线前，先将被测设备对地短路放电，停止转动兆欧表，然后再拆除线路，如图 3-9 所示。未放电前禁止用手触及被测物或直接进行拆线工作，以防触电。

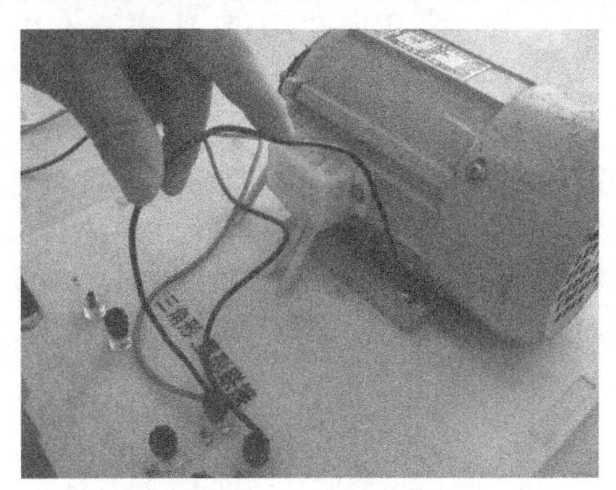

图 3-9　被测设备的拆线前放电

3.2　项目基本知识

知识点一　兆欧表的组成及工作原理

一、兆欧表的组成

兆欧表主要由作为电源的手摇发电机（或其他直流电源）和作为测量机构的磁电式流比计（双动线圈流比计）组成，如图 3-10 所示。

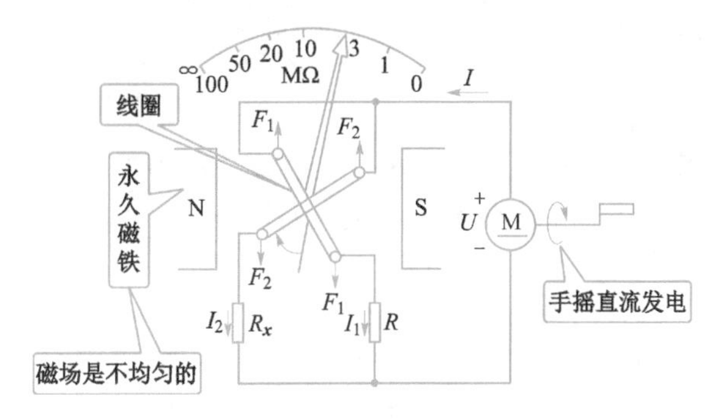

图 3-10　兆欧表的组成

二、兆欧表的测量电路及工作原理

发电机型兆欧表的测量电路如图 3-11 所示，在接入被测电阻 R_j 后，才构成两个相互并联的支路。当摇动手摇发电机时，两个支路分别通过电流 I_1 和 I_2，被测绝缘电阻与偏转角满足的函数关系为 $\alpha=f(R_j)$。可见，指针的偏转角 α 由被测绝缘电阻 R_j 的函数决定，而与电源电压无直接关系。

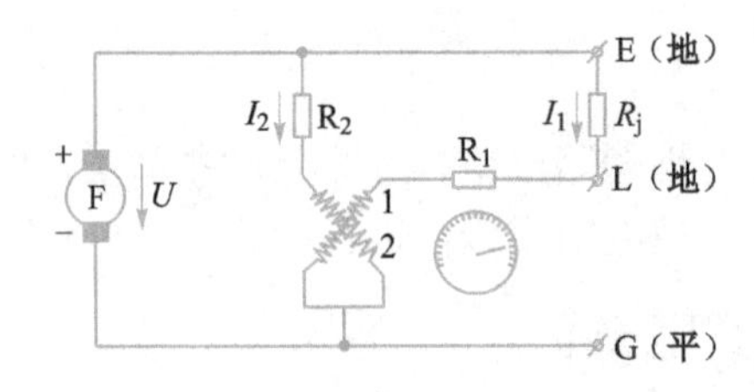

图 3-11 发电机型兆欧表的测量电路

兆欧表的工作原理：两个线圈上产生方向相反的转矩，指针随着两个转矩的合成转矩的大小偏转一定角度，这个偏转角度取决于上述两个线圈中电流的比值；由于附加电阻的阻值是不变的，所以电流值仅取决于待测电阻阻值的大小；当被测电阻为某一定值时，指针相应指示出被测电阻的阻值。发电机型兆欧表电路原理图如图 3-12 所示。

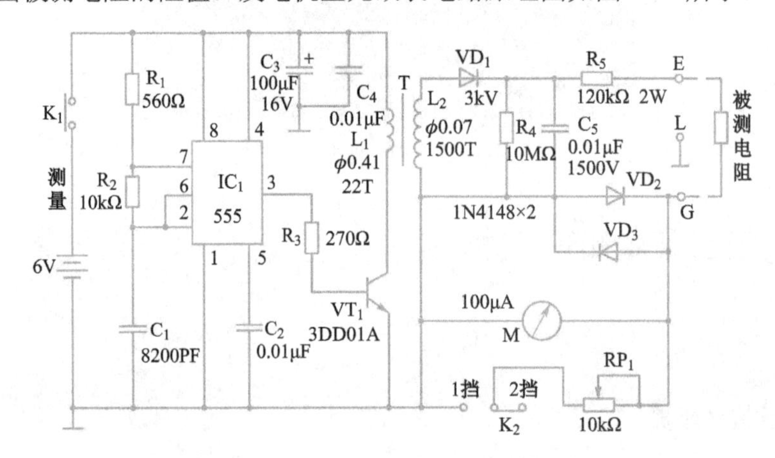

图 3-12 发电机型兆欧表电路原理图

知识点二 兆欧表的选用与使用

一、额定电压等级的选择

选用兆欧表时，其额定电压一定要与电气设备或线路的工作电压相吻合，测量的范围应该和被测电阻的阻值范围一致，避免引起较大的误差。为了测量各种电压等级电气设备的绝缘电阻，兆欧表通常有 500V、1000V、2500V 和 5000V 等各种规格。

当测量低压电气设备的绝缘电阻时，应选用 500V 等级的兆欧表，否则可能造成低压绝缘设备被击穿；当测量额定电压为 500V 以上的绝缘电阻时，应选用 1000V 或 2500V 的兆欧表，否则会由于电压偏低影响测量结果的准确性；当测量瓷瓶、刀闸、母线、绝缘子等，要选用 2500V 或 5000V 的兆欧表。

二、电阻量程范围的选择

根据被测对象的不同，选用兆欧表的量程也会不同。有的兆欧表读数起点不是零，而是从 1MΩ 或 2MΩ 开始，这种表不适用于测量处于潮湿环境中的低压电气设备的绝缘电阻，因为这种设备的绝缘电阻很有可能低于 1MΩ，而测量仪表显示的不是真实的读数，很容易被误认为绝缘电阻为零，从而得出错误的结论。

兆欧表的额定电压及量程选择如表 3-3 所示。

表 3-3　兆欧表的额定电压及量程选择

被测对象	设备额定电压（V）	兆欧表额定电压（V）	兆欧表量程（MΩ）
低压电气设备	500 以下	500	0～200
变压器和电动机线圈的绝缘电阻	500 以上	1000～2500	0～200
发动机绝缘电阻	500 以上	1000	0～200
低压电气设备绝缘电阻	500 以上	500～1000	0～200
高压电气设备绝缘电阻	500 以上	2500	0～2000
瓷瓶、高压电缆等	—	2500～5000	0～2000

三、发电机型兆欧表的使用与注意事项

兆欧表在工作时，自身会产生较高的电压，同时测量对象本身也是电气设备，所以必须正确使用兆欧表，否则会造成人身伤害或设备事故。

（1）测量前，必须将被测设备电源切断，并对地短路放电，绝不允许设备带电进行测量，以保证人身和设备的安全。

（2）对可能感应出高压电的设备，必须消除这种可能性后，才能进行测量。

（3）被测物表面要清洁，减小接触电阻，确保测量结果的正确性。

（4）测量前，要检查兆欧表是否处于正常工作状态，主要检查其“0”和“∞”两点。摇动手柄，兆欧表在短路时应指在“0”位置，开路时使发电机达到额定转速 120r/min，应指在“∞”位置。

（5）兆欧表使用时应放在平稳、牢固的地方，且远离大的外电流导体和外磁场。

上述准备工作完成后就可以进行测量了，在测量过程中，还需要注意兆欧表的接线是否正确，否则将会引起不必要的错误。

对于发电机型兆欧表的 3 个接线柱，一般将被测绝缘电阻接在 L、E 端之间；当被测绝缘体表面漏电严重时，必须将被测物的屏蔽环或不需要测量的部分与 G 端相连接。这样，漏电电流就经由屏蔽端 G 直接流回发电机的负端形成回路，而不再流过兆欧表的测量机构，将从根本上消除表面漏电电流的影响。

注意：测量电缆芯线的绝缘电阻时，一定要接好屏蔽端 G，因为空气湿度大或电缆绝缘表面不干净时，其表面的漏电电流会很大，为了防止被测物因为漏电而对其内部绝缘测量所造成的影响，一般要在电缆外表加上一个金属屏蔽环，与兆欧表的 G 端相连接。

当利用兆欧表测量电力线路的绝缘电阻时，接地端 E 接地，线路端 L 接被测量线路。但是在实际使用时，线路端 L 和接地端 E 可任意连接，即 E 端可以与被测物相连，L 端可以接地，但是屏蔽端 G 的接线柱不能接错。

当利用兆欧表测量电动机的绝缘电阻时，要注意 L、E 端不能接反，正确的接法是 L 端接被测设备导体，E 端接接地的设备外壳，G 端接被测设备的绝缘部分。若将 L、E 端接反，那么流过绝缘体内及表面的漏电电流经外壳汇集到地，由地经 L 端流进测量线圈，G 端失去屏蔽作用而给测量带来特别大的误差。

另外，由于 E 端内部引线同外壳的绝缘程度比 L 端同外壳的绝缘程度要低，当兆欧表

放在地上使用时，若采用正确接线方式，E 端对仪表外壳和外壳对地的绝缘电阻就相当于短路，不会造成误差；若当 L、E 端接反时，E 端对地的绝缘电阻同被测绝缘电阻并联，使测量结果偏小，给测量的结果带来很大的误差。

四、电池型兆欧表的使用与注意事项

1. 校表

将功能选择开关置于 OFF 位置，用小改锥调整机械调零旋钮，使仪表指针校准到刻度尺的“∞”刻度线上（电池型兆欧表不宜作短路状态检查）。

2. 电池的检查

将功能选择开关置于 BATT CHECK 位置，当指针指在刻度盘右下方带箭头的刻度 BATT GOOD 区域内时，表示电池正常，否则需更换电池。

3. 接线

与发电机型兆欧表的接线方式相同。

4. 测量过程

（1）将功能选择开关置于所需要的额定电压挡位，刻度盘左上角的电源指示灯点亮，表示工作电源接通。

（2）按一下测试按钮 TEST ON-OFF，高压指示灯点亮，指针在相应测试电压的刻度上指示被测物的绝缘电阻值。

（3）若测量中发现指针指零，则说明被测物有短路存在，应立即停止，以免仪表过热而损坏。

（4）记录下温度、气候、湿度、兆欧表型号等级和测量结果，以便分析。

5. 拆线、放电、关机

（1）读数完毕，对被测物的剩余电荷进行放电后，再拆下测试线，以免电击伤人。

（2）按测试按钮 TEST ON-OFF 关断高压，高压指示灯熄灭。

（3）将功能选择开关置于 OFF 挡，关闭电源。

注意：仪表在工作大约 5min 后会自动关闭电源。此时，将功能选择开关置于关机位置后再重新开机，仪表便可继续工作。

6. 兆欧表的使用注意事项

（1）测量电气设备绝缘电阻时，必须先切断电源，若是容性设备，则必须先进行放电（如电缆线路）。

（2）兆欧表接线应该用绝缘良好的单根线，并尽可能短。

（3）使用兆欧表时，必须要平放。

（4）摇测过程中不得用手触及被测设备，还要防止别人触及。

知识点三　HT2671 型数字兆欧表简介

HT2671 型数字兆欧表是电力、邮电、通信、机电安装和维修，以及以电力作为工业动力或能源的工业企业部门必不可少的测量仪表。它适用于测量各种绝缘材料的电阻值及变压器、电机、电缆、电气设备等的绝缘电阻。

一、HT2671 型数字兆欧表的功能特点

HT2671 型数字兆欧表具有以下特点。

（1）输出功率大，带载能力强，抗干扰能力强。HT2671 型数字兆欧表外壳由高强度铝合金制成，机内设有等电位保护环和四阶有源低通滤波器，对外界工频及强电磁场可起到有效的屏蔽作用。对容性设备测量时，由于输出短路电流大于 1.6mA，可使测量电压迅速上升到输出电压的额定值。对低阻值设备测量时，由于采用比例法设计，故电压下降并不影响测量精度。

（2）由电池供电，量程可自动转换。面板操作简洁，具有 LCD 显示功能，使得测量十分方便和迅捷。

（3）输出短路电流可直接测量，不需带载测量进行估算。

二、HT2671 型数字兆欧表的技术性能和指标

HT2671 型数字兆欧表的技术性能和指标如表 3-4 所示。

表 3-4　HT2671 型数字兆欧表的技术性能和指标

技术性能	指　标
使用条件	环境温度：0～45℃ 相对湿度：≤85%RH
输出电压等级、测量范围、分辨率、误差	输出电压等级：500V、1000V、2000V、2500V 测量范围：0～19999MΩ 分辨率：0.01MΩ、0.1MΩ、1.0MΩ、10.0MΩ 相对误差：≤±4%±1d
输出最高电压带载能力和短路电流	电压/负载：2500V/20MΩ 电压跌落：约 10% 短路电流：＞1.6mA
电源的适用范围及功耗	直流：8×1.5V（AA、R6）电池或充电电池 交流：220V/50Hz 功耗：静态功耗≤160mW，最大功率≤2.5W
体积与重量	体积：235mm×200mm×135mm 重量：＜1.4kg

三、HT2671 型数字兆欧表的工作原理

HT2671 型数字兆欧表由中大规模集成电路组成，如图 3-13 所示，特点是输出功率大、短路电流值高、输出电压等级多（有 4 个电压等级）。工作原理：由机内电池作为电源，经 DC/DC 变换产生的直流高压再由 E 端出，经被测物到达 L 端，从而产生一个从 E 端到 L 端的电流，经过 *I*/*U* 变换经除法器完成运算，直接将被测的绝缘电阻值通过液晶显示屏显示出来。

图 3-13 HT2671 型数字兆欧表

四、HT2671 型数字兆欧表的使用说明

1. 测量步骤

开启电源开关 ON/OFF，选择所需电压等级，开机默认为 500V 挡，选择所需电压挡位，对应指示灯亮，轻按一下高压“启停”键，高压指示灯亮，液晶显示屏显示的稳定数值乘以 10 即为被测的绝缘电阻值。当待测的绝缘电阻值超过仪表量程的上限值时，显示屏首位显示“1”，后 3 位熄灭。关闭高压时只需再按一下高压“启停”键，关闭整机电源时按一下电源开关 ON/OFF。

注意：测量时，由于测量设备有吸收、极化过程，绝缘值读数逐渐向大数值漂移或有一些上下跳动，这是正常现象。

2. 接线方式

测量绝缘电阻时，线路端 L 与被测物同大地绝缘的导电部分相接，接地端 E 与被测物外壳或接地部分相接，屏蔽端 G 与被测物保护屏蔽部分或其他不参与测量的部分相接，以消除仪表泄漏所引起的误差。测量电气产品的元器件之间的绝缘电阻时，可将 L、E 端接在任一组线头上进行测量。例如，测量发电机相间绝缘时，三组可轮流交换，空出的一组应安全接地。

五、HT2671 型数字兆欧表的使用注意事项

（1）存放本表时，应注意环境温度和湿度，放在干燥、通风的地方为宜，要防尘、防潮、防震、防酸碱及腐蚀性气体。

（2）被测物为正常带电体时，必须先断开电源，然后测量，否则会危及人身和设备安全。本表 E、L 端之间开启高压后有较高的直流电压，在进行测量操作时人体各部分不可触及。

（3）本表为交直流两用，不接交流电时，仪表使用电池供电，接入交流电时，优先使用交流电供电。

（4）当表头左上角显示“←”时表示电池电压不足，应更换电池。仪表长期不用时，应将电池全部取出，以免锈蚀仪表。

3.3　项目综合训练

技能训练　兆欧表的使用

一、技能训练目的

（1）熟练掌握兆欧表的使用方法和使用注意事项。

（2）熟练掌握用兆欧表测量电动机和电缆绝缘电阻的方法。

二、技能训练设备

兆欧表、铠装电缆、导线（4 根）、温度计、湿度计、螺丝刀、手钳等。

三、用兆欧表测量电力电缆绝缘电阻的技能训练

电力电缆的各电缆芯线与外皮之间均有较大的电容，因此对电力电缆绝缘电阻进行测量，应首先断开电缆的电源及负荷，并经充分放电之后方可进行，而且一般应在干燥的气候条件下进行测量，测量的步骤如下。

（1）测量前，测定室内温度，并检查兆欧表的指针指示是否正常。

（2）按照电力电缆的额定电压，核对兆欧表的技术规范是否适当。

（3）兆欧表的测量导线应使用带有屏蔽线的绝缘导线。

（4）对三相三线铠装电缆进行测量时，需在电缆的一端进行测量，另一端必须设专人监护。

（5）分别将电缆铠甲或终端头接地线与两根电缆芯线连在一起，接到兆欧表的 E 端，另一根芯线暂时不接，如图 3-14 所示；将 G 接线柱引线接到电缆的绝缘层上，摇动兆欧表手柄使转速达到 120r/min 并稳定时，指针指在“∞”位置；然后将被测电缆芯线与兆欧表的 L 端相连，如图 3-15 所示；此时，兆欧表的指针可能回零位，但应继续摇动手柄，指针即慢慢随着时间的延长向刻度尺的“∞”方向偏转，待仪表指针稳定在某一位置时，开始读数，并作记录。

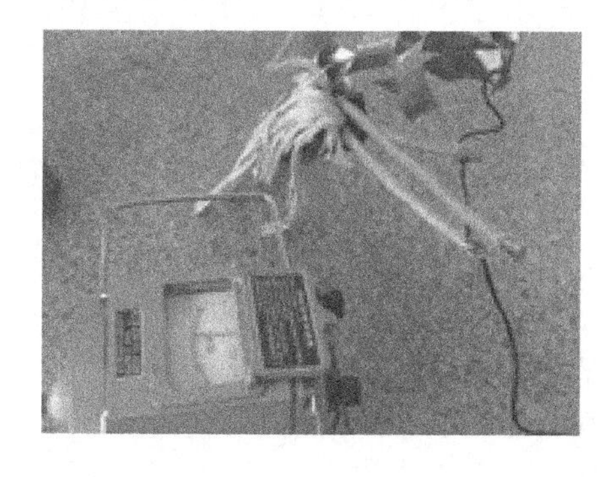

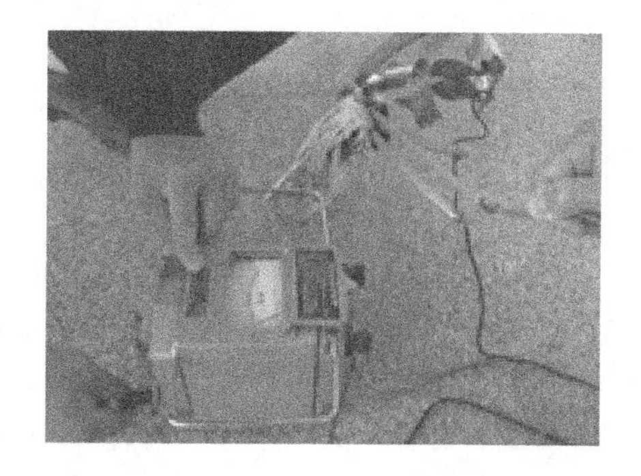

图 3-14　测量三线铠装电缆的绝缘电阻一　　图 3-15　测量三线铠装电缆的绝缘电阻二

（6）完成测量后，先将电缆芯线的连接导线取下，再停止摇动兆欧表手柄，并立即对

电缆芯线放电，然后再测量电缆的另一相芯线的绝缘电阻。

（7）测量完毕后，工作人员切勿接近未经充分放电的电缆芯线，以防触电。

四、技能训练考评表

通过以上的技能训练练习，将技能训练考核内容认真做完，并且将考核评分填写到表 3-5 中。

表 3-5 技能训练考评表

考核项目	序号	考核要求	配分	评分标准	考核记录	得分
兆欧表的使用方法	1	使用前的准备工作符合要求	5	兆欧表使用前的检测不正确扣 5 分		
	2	能正确选用兆欧表	5	不能正确选用兆欧表扣 5 分		
	3	熟悉兆欧表接线端子的作用	5	不熟悉接线端子的作用扣 5 分		
电动机、铠装电缆绝缘电阻的测量	4	兆欧表的开路和短路检测	10	没有检测扣 10 分		
	5	电动机每相电阻的测量	15	缺少一相测量扣 5 分，连接不正确扣 5 分		
	6	电动机各绕组间绝缘电阻的测量	10	缺相测量扣 5 分，连接不正确扣 5 分		
	7	绕组与机壳电阻的测量	10	缺相测量扣 5 分，连接不正确扣 5 分		
	8	测试完毕拆线	10	拆线不正确扣 10 分		
	9	铠装电缆的测量	10	没有正确连接扣 5 分，没有按照正确方法测量扣 5 分		
安全文明	10	安全操作	10	测量完毕不关所用仪表扣 10 分		
	11	清理现场	10	不按要求清理现场扣 10 分		
备注：					总分：	

项目评估检查

一、填空题

1. 兆欧表的接线柱有 3 个，分别为__________、__________及__________。测量电力线路或照明线路的绝缘电阻时，__________接被测线路，__________接地线。

2. 为了测量各种电压等级电气设备的绝缘电阻，兆欧表通常有__________V、__________V、__________V 和__________V 等各种规格。

3. 电池型兆欧表__________（不能、能）在短路状态检查。

4. HT2671型数字兆欧表的工作原理：由机内电池作为电源，经__________变换产生的直流高压再由__________端出，经被测物到达__________端，从而产生一个从__________端到__________端的电流，经过__________变换经除法器完成运算，直接将被测的绝缘电阻值通过液晶显示屏显示出来。

二、简答题

5. 兆欧表测量容性设备时为什么必须先进行放电？
6. 兆欧表测量电气设备绝缘电阻时为什么必须先切断电源？
7. 用数字兆欧表测量设备的绝缘电阻时有哪些注意事项？

三、操作题

8. 利用500V兆欧表测量500V控制电缆的通断。
9. 利用1000V兆欧表测量1kV电力电缆的绝缘电阻。

四、项目评价评分表

10. 自我评价、小组互评及教师评价

评价项目	项目评价内容	分值	自我评价	小组互评	教师评价	得分
理论知识	① 了解兆欧表的工作原理	10				
	② 熟悉兆欧表的使用方法	10				
	③ 熟悉兆欧表的电压等级	10				
实操技能	① 熟悉兆欧表开关、按钮、按键的操作	20				
	② 能够正确使用数字兆欧表	15				
	③ 测量绝缘电阻时接线正确	10				
	④ 在实训报告中准确记录测量数据	10				
	⑤ 兆欧表电压等级选择准确	5				
安全文明	① 安全操作	5				
	② 清理现场	5				

11. 小组学习活动评价表

班级：__________　　小组编号：__________　　成绩：__________

评价项目	评价内容及评价分值			自评	互评	教师评分
分工合作	优秀（12～15分）	良好（9～11分）	继续努力（9分以下）			
	小组成员分工明确，任务分配合理，有小组分工职责明细表	小组成员分工较明确，任务分配较合理，有小组分工职责明细表	小组成员分工不明确，任务分配不合理，无小组分工职责明细表			

续表

评价项目	评价内容及评价分值			自评	互评	教师评分
获取与项目有关质量、市场、环保等内容的信息	优秀（12～15分）	良好（9～11分）	继续努力（9分以下）			
	能从网络等多种渠道获取信息，并能合理地选择信息、使用信息	能从网络等多种渠道获取信息，并能较合理地选择信息、使用信息	能从网络等多种渠道获取信息，但信息选择不正确，信息使用不恰当			
实际技能操作	优秀（16～20分）	良好（12～15分）	继续努力（12分以下）			
	能按技能目标要求规范地完成每项实操任务	能按技能目标要求较规范地完成每项实操任务	能按技能目标要求完成每项实操任务，但规范性不够			
基本知识分析讨论	优秀（16～20分）	良好（12～15分）	继续努力（12分以下）			
	讨论热烈，各抒己见，概念准确，原理思路清晰，理解透彻，逻辑性强，并有自己的见解	讨论没有间断，各抒己见，分析有理有据，思路基本清晰	讨论能够展开，分析有间断，思路不清晰，理解不透彻			
成果展示	优秀（24～30分）	良好（18～23分）	继续努力（18分以下）			
	能很好地理解项目的任务要求，成果展示逻辑性强，熟练利用信息技术（电子教室网络、互联网、大屏等）进行成果展示	能较好地理解项目的任务要求，成果展示逻辑性较强，能较熟练利用信息技术（电子教室网络、互联网、大屏等）进行成果展示	基本理解项目的任务要求，成果展示停留在书面和口头表达，不能熟练利用信息技术（电子教室网络、互联网、大屏等）进行成果展示			
总分						

项目总结

兆欧表是测量设备绝缘电阻最常用的一种仪表。通过对本项目的学习，我们可以了解兆欧表的构造、工作原理，掌握兆欧表的使用方法，牢记兆欧表的使用注意事项，规范我们的操作规程，为我们在今后工作中正确使用兆欧表奠定基础。

项目四

接地电阻测量仪的测量与使用

项目情境创设

接地电阻是衡量各种电气设备安全性能的重要指标之一。接地电阻测量仪是检验测量接地电阻的常用仪表，也是电气安全检查与接地工程竣工验收的工具，如图 4-1 所示。

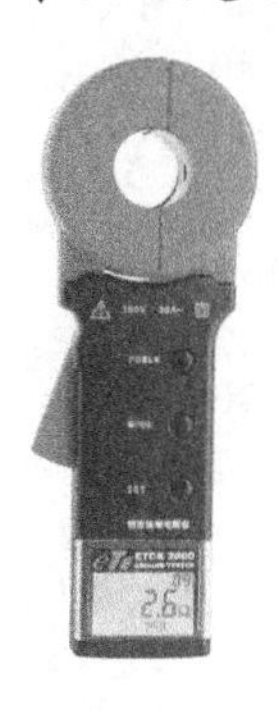

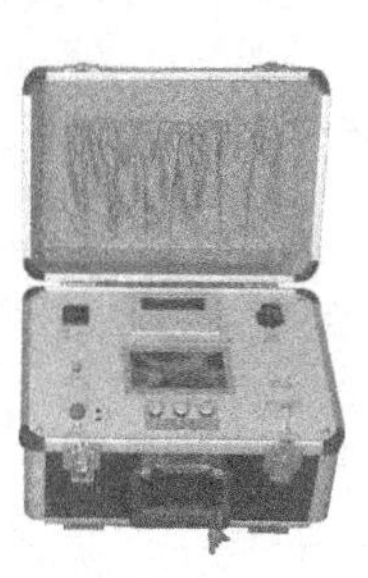

图 4-1　接地电阻测量仪

项目学习目标

学习目标		学习方式	学时
技能目标	① 掌握 ZC-8 型接地电阻测量仪的使用方法 ② 熟悉 ZC29 型接地电阻测量仪的使用方法和注意事项	理论讲授、实训操作	4
知识目标	① 认识接地电阻测量仪 ② 了解接地电阻测量仪的分类	理论讲授、实训操作	2
情感目标	通过网络搜索查询认识各种接地电阻测量仪，了解接地电阻测量仪的使用方法，提高同学们对接地电阻测量仪使用重要意义的认识；通过小组讨论，培养获取信息的能力；通过相互协作，提高团队意识	网络查询、小组讨论、相互协作	课余时间

项目基本功

4.1 项目基本技能

技能 ETCR2000 钳形接地电阻测量仪的认知与使用

一、ETCR2000 钳形接地电阻测量仪的面板说明

ETCR2000 钳形接地电阻测量仪用于电力、电信、气象及其他设备的接地电阻测量。ETCR2000 钳形接地电阻测量仪有长形钳口和圆形钳口之分，长形钳口适用于扁钢接地线的场合，如图 4-2 所示。它的一个很大优点是不需要切断设备电源或断开地线即可测量接地电阻，如图 4-3 所示。

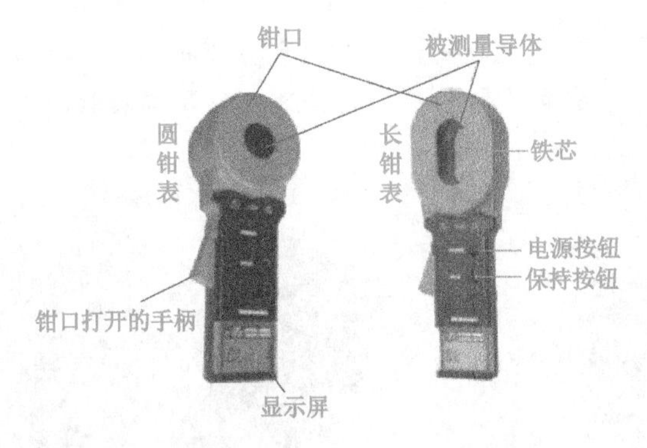

图 4-2 ETCR2000 钳形接地电阻测量仪

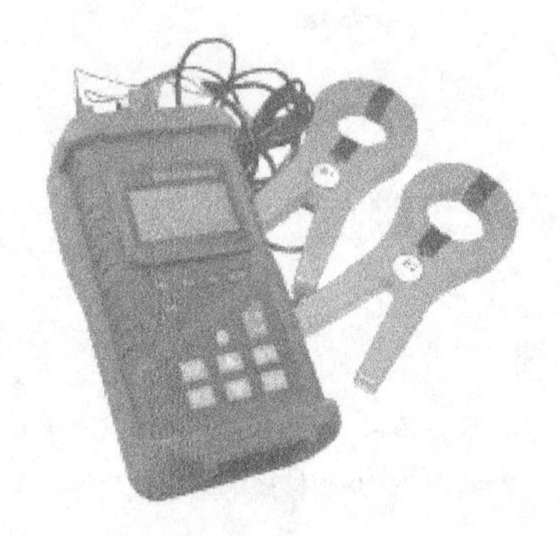

图 4-3 ETCR2000 钳形接地电阻测量仪的使用

二、ETCR2000 钳形接地电阻测量仪的使用

ETCR2000 钳形接地电阻测量仪是一种新颖的测量工具，它方便、快捷，外形酷似钳形电流表，测量时不需要辅助测试桩，只要夹住被测地线，几秒钟即可从液晶显示屏上读出测量结果。ETCR2000 钳形接地电阻测量仪的使用方法与注意事项如表 4-1 所示。

表 4-1　ETCR2000 钳形接地电阻测量仪的使用方法与注意事项

图　示	使用方法	注意事项
	按下 POWER 按钮后，仪表通电，显示屏显示“0Ω”，说明此时钳表处于开机状态	开机自检时，一定要保持钳表处于自然静止状态，不可翻转钳表，手柄处不可施加外力，更不可对钳口施加外力，否则将不能保证测量精度
	开机自检状态结束后，显示屏显示“OL”，这是正常的开机自检结束符号，说明自检正常完成，并已进入测量状态	若开机自检时，显示屏显示“E”，则说明自检错误，不能进入测量状态。原因主要有以下两点 ① 钳表故障，需要修理 ② 钳口在钳绕了导体回路（而且电阻较小）的情况下进行自检，需要重新开机即可
	多点接地系统的测量 例如，输电系统杆塔接地、通信电缆接地系统、某些建筑物等，它们通过架空地线连接，从而组成了接地系统的回路图，其测量方法如左图所示	被测电阻较大（大于 1000Ω）时，最好在按开关按钮之前，按压钳柄使钳口开合两三次，再启动仪表，保证测量精度 任何时候都要保持钳口接触平面的清洁，否则会降低其测量精度
	单点接地系统的测量 从测量原理来说，钳表只能测量回路电阻，不能测量单点接地电阻，但可利用接地系统的周围环境，人为地任意制造一个回路（如左图所示，测量接地电阻 R_A，可另找两个独立的接地系统 B 和 C，借助 B 和 C 就能测出 R_A）	① 同多点接地系统的测量的注意事项 ② 长时间不使用仪表时，请从电池仓中取出电池 ③ 在任何情况下使用钳表时，一定要注意安全

三、ETCR2000 钳形接地电阻测量仪的技术性能和指标

ETCR2000 钳形接地电阻测量仪的技术性能和指标如表 4-2 所示。

表 4-2　ETCR2000 钳形接地电阻测量仪的技术性能和指标

技术性能	指　标	技术性能	指　标
显示屏	4 位 LCD 数字显示，高 28.5mm，宽 47mm	仪表质量	长形钳口为 1320g（含电池），圆形钳口为 1120g（含电池）
钳口尺寸	长形钳口为 32mm×65mm，圆形钳口为 ϕ32mm	电源	4 节 5 号碱性干电池（6V）
钳口开口	长形钳口为 28mm，圆形钳口为 32mm	仪表尺寸	长形钳口：293mm×90mm×66mm 圆形钳口：260mm×90mm×66mm
工作温度	−10～55℃	保护等级	双重绝缘
工作相对湿度	10%～90%		

4.2 项目基本知识

知识点一 接地电阻测量仪的基础知识

一、接地电阻

接地点处的电位 U_m 与接地电流 I 的比值定义为该点的接地电阻 R（$R = U_m/I$）。接地电阻主要取决于接地装置的结构、尺寸、埋入地下的深度及当地的土壤电阻率。因金属接地体的电阻率远小于土壤电阻率，故接地体本身的电阻在接地电阻中可以忽略不计。电气设备接地示意图如图 4-4 所示。

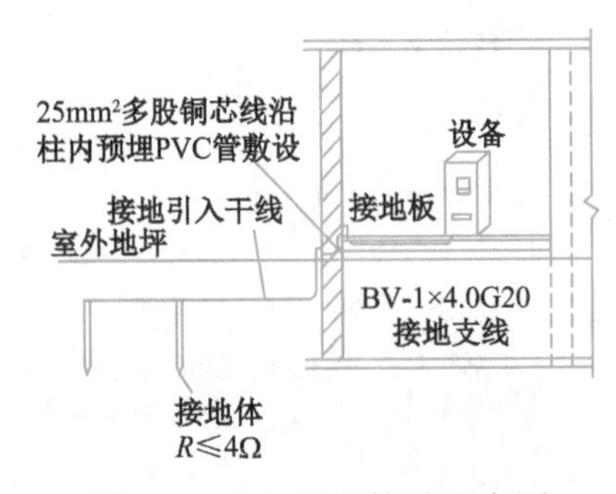

图 4-4 电气设备接地示意图

对于不同的电气设备，接地电阻的要求也不同，电压在 1kV 以下的电气设备，其接地装置的接地电阻不应超过表 4-3 中所列的数值。

表 4-3 1kV 以下的电气设备的接地电阻

电气设备类型	接地电阻（Ω）
100kVA 以上的变压器等电力设备	≤4
电压或电流互感器的次级线圈	≤10
100kVA 以下的变压器等电力设备	≤10
独立避雷针	≤2.5

二、接地电阻测量仪的组成与使用

接地电阻测量仪又称为接地摇表或接地兆欧表，主要用于测量电气系统、避雷系统和接地装置的接地电阻和土壤电阻率。接地电阻测量仪的形式有很多种，用法也不尽相同。这里仅介绍一种常用的电位计式 ZC-8 型接地电阻测量仪，它的实物图如图 4-5 所示。附件有辅助接地棒（金属棒）两根，5m、20m、40m 长的导线各一根，如图 4-6 所示。

1. ZC-8 型接地电阻测量仪的各部位名称

ZC-8 型接地电阻测量仪主要由 3 个部分组成：手摇直流发电机、磁电式流比计及接线端子（P_1、P_2、C_1 和 C_2）。它的各部位名称如图 4-7 所示。

图 4-5　ZC-8 型接地电阻测量仪实物图

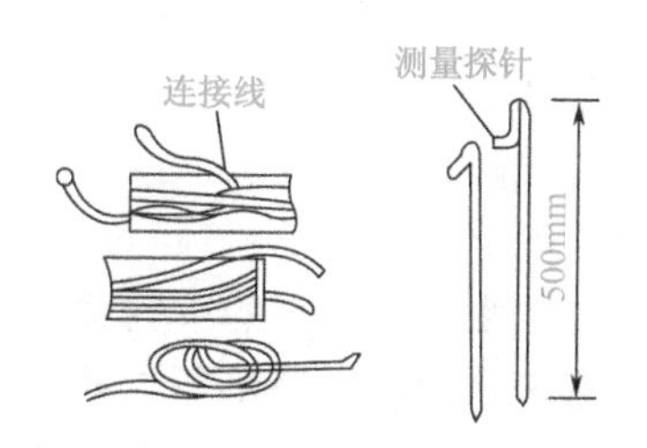

图 4-6　ZC-8 型接地电阻测量仪附件

2. ZC-8 型接地电阻测量仪的使用

ZC-8 型接地电阻测量仪使用时的实际测量接线图和接线示意图如图 4-8 所示。

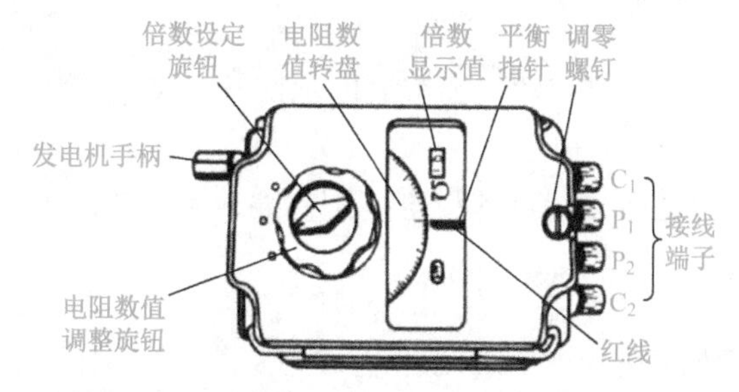

图 4-7　ZC-8 型接地电阻测量仪的各部位名称

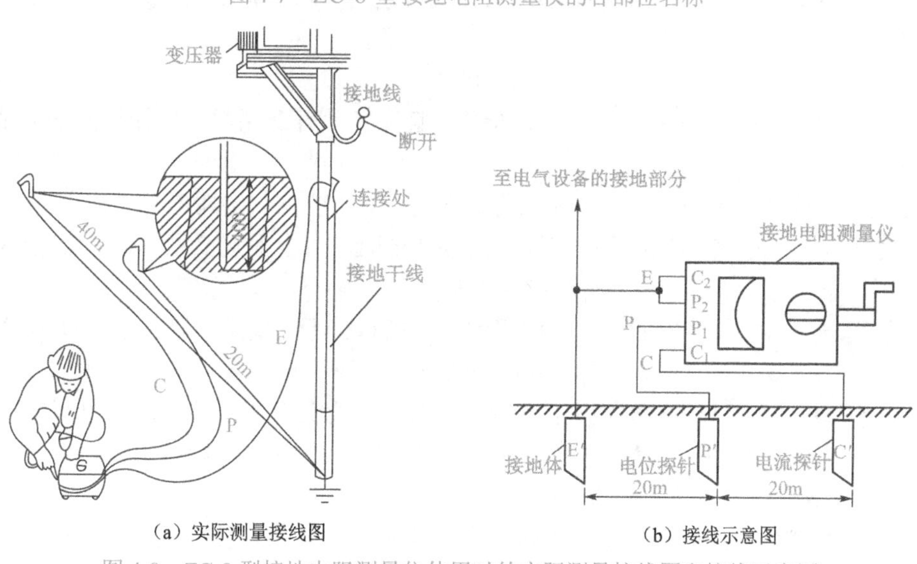

（a）实际测量接线图　　（b）接线示意图

图 4-8　ZC-8 型接地电阻测量仪使用时的实际测量接线图和接线示意图

（1）测量前，将仪表放平。转动倍数设定旋钮，将仪表的倍数显示值调整到适当的数值（或最大倍数）。用导线将所有的端子短路连接，摇动发电机手柄，使发电机达到 120r/min，调节电阻数值调整旋钮，使其零位与中心线对齐，此时平衡指针也应与中心线重合。若不重合，则应调节调零螺钉，使仪表的平衡指针与中心线重合。此项操作人们习惯称为“三对零”。

（2）拆去端子短路线。接好所有连线后，缓慢摇动发电机手柄，同时调节电阻数值调整旋钮，使平衡指针停在中心线处，表示此时检流计已接近平衡；加快发电机的转速至

120r/min，进一步调节电阻数值调整旋钮，当平衡指针稳定指在中心线处时，读取电阻数值转盘上刻度的数值。

（3）若电阻数值转盘上的读数小于 1，则应将倍数值调小一挡，然后重新进行上述调整与测量。

（4）电阻数值转盘上的读数乘以倍数，即得被测接地体的接地电阻值。

（5）测量完毕后，应将所有的端子用导线连接短路，以保护其检流计。

（6）不允许在端子开路状态下摇动仪表。

三、ZC-8 型接地电阻测量仪的使用注意事项

（1）测量接地装置的接地电阻，必须先将接地线路与被保护的设备断开，这样才能测得较为准确。

（2）若仪表中检流计灵敏度不够，则可沿电抗探针 P′和电流探针 C′的接地处注水，目的是减小两个探针的接地电阻。

（3）若检流计灵敏度过高，则可减小电抗探针插入土中的深度。

四、交流电气装置的接地要求

交流电气装置的接地应符合下列规定。

（1）当配电变压器高压侧工作于小电阻接地系统时，保护接地网的接地电阻应符合下式要求，即

$$R \leqslant 2000 / I \tag{4-1}$$

式中，R 为考虑到季节变化时的最大接地电阻（Ω）；I 为计算用的流经接地网的入地短路电流（A）。

（2）当配电变压器高压侧工作于不接地系统时，电气装置的接地电阻应符合下列要求。

① 高压与低压电气装置共用的接地网的接地电阻应符合下式要求，且不宜超过 4Ω。

$$R \leqslant 120 / I \tag{4-2}$$

② 仅用于高压电气装置的接地网的接地电阻应符合下式要求，且不宜超过 10Ω。

$$R \leqslant 250 / I \tag{4-3}$$

式中，R 为考虑到季节变化时的最大接地电阻（Ω）；I 为计算用的接地故障电流（A）。

（3）在中性点经消弧线圈接地的电力网中，当接地网的接地电阻按式（4-2）、式（4-3）计算时，接地故障电流应按下列规定取值。

① 对装有消弧线圈的变电所或电气装置的接地网，计算电流应为接在同一接地网中的同一电力网各消弧线圈额定电流总和的 1.25 倍。

② 对不装消弧线圈的变电所或电气装置的接地网，计算电流应为电力网中断开最大一个消弧线圈时的最大可能残余电流，并不得小于 30A。

（4）标准接地电阻规范要求如下。

① 独立的防雷保护接地电阻应小于等于 10Ω。

② 独立的安全保护接地电阻应小于等于 4Ω。

③ 独立的交流工作接地电阻应小于等于 4Ω。

④ 独立的直流工作接地电阻应小于等于 4Ω。

⑤ 防静电接地电阻一般要求小于等于 100Ω。

⑥ 共用接地体（联合接地）接地电阻应不大于 1Ω。

图 4-9　数字接地电阻测量仪

知识点二　数字接地电阻测量仪简介

数字接地电阻测量仪如图 4-9 所示。数字接地电阻测量仪摒弃了传统的人工手摇发电工作方式，采用先进的中大规模集成电路，是一种应用 DC/AC 变换技术将三端钮、四端钮测量方式合并为一种机型的新型接地电阻测量仪。

1. 操作的简便性

传统的测量方法必须将接地线解扣，以及打辅助接地体，且需要将电压极及电流极按规定的距离打入土壤作为辅助电极才能进行测量。而对于数字接地电阻测量仪，只需要将钳表的钳口钳绕被测接地线，即可从液晶显示屏上读出接地电阻值。

2. 测量的准确度

传统的测量方法的准确度取决于辅助电极之间的位置，以及它们与接地体之间的相对位置。如果辅助电极的位置受到限制，不符合计算值，则会带来所谓的“布极误差”。

3. 对环境的适应性

随着我国城市化的发展，被测接地体周围往往被水泥覆盖，即便有所谓的绿化带、街心花园等，它们的土壤也往往与大地的土壤分隔开，更何况传统方法打辅助电极时对辅助电极的相对位置要求较高，这给实地测量增加了很多困难。

4.3　项目综合训练

技能训练一　ZC29 型接地电阻测量仪的使用与测量实例

一、ZC29 型接地电阻测量仪的面板说明

ZC29 型接地电阻测量仪的面板说明如图 4-10 所示。

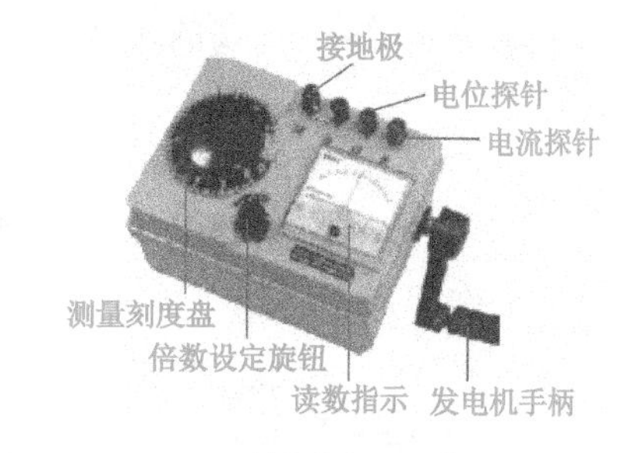

图 4-10　ZC29 型接地电阻测量仪的面板说明

二、ZC29 型接地电阻测量仪的使用

1. 使用接地电阻测量仪的准备工作

（1）熟读接地电阻测量仪的使用说明书，全面了解仪表的结构、性能及使用方法。

（2）备齐测量时所必需的工具及仪表附件，并将仪表和接地探针擦拭干净，特别是接地探针，一定要将影响其表面导电能力的污垢及锈渍清理干净。

（3）将接地干线与接地体的连接点或接地干线上所有接地支线的连接点断开，使接地

体脱离任何连接关系从而成为独立体。

2. 使用接地电阻测量仪的测量步骤

（1）将两根接地探针沿接地体辐射方向分别插在距接地体 20m、40m 的地中，插入深度保持在 400mm 左右。

（2）将接地电阻测量仪平放于接地体附近，进行接线，接线方法如下。

① 用最短的专用导线将接地体与接地电阻测量仪的接线端 E（三端钮的测量仪）或与两个 E 端短接后的公共端（四端钮的测量仪）相连。

② 用最长的专用导线将距接地体 40m 的测量探针（电流探针）与测量仪的接线端 C 相连。

③ 用余下的长度居中的专用导线将距接地体 20m 的测量探针（电位探针）与测量仪的接线端 P 相连。

（3）将测量仪水平放置，检查检流计的指针是否指向中心线。若没有指向中心线，则调节零位调整器使测量仪指针指向中心线。

（4）将倍数设定旋钮（或称粗调旋钮）置于最大倍数，并慢慢地摇动发电机手柄，指针开始偏移，同时转动测量刻度盘（或称细调旋钮），使检流计的指针指向中心线。

（5）当检流计的指针接近于平衡（指针接近于中心线）时，加快摇动手柄，使其转速达到 120r/min 以上，同时调整测量刻度盘，使指针指向中心线。

（6）若测量刻度盘上的读数过小（小于 1），不易读准确时，则说明倍数过大，此时应将倍数设定旋钮置于较小的倍数，重新调整测量刻度盘，使指针指向中心线并读出准确读数。

（7）计算测量结果，即 $R_{地}$=测量刻度盘上的读数×倍数。

三、ZC29 型接地电阻测量仪的测量实例

1. 测量接地电阻时接线方式的规定

仪表上的 E 端接 5m 导线，P 端接 20m 导线，C 端接 40m 导线，导线的另一端分别接被测物接地体 E′、电位探针 P′和电流探针 C′，且 E′、P′、C′应保持直线，其间距为 20m。

（1）测量大于等于 1Ω 的接地电阻时，接线图如图 4-11 所示，将仪表上的两个 E 端连接在一起。

（2）测量小于 1Ω 的接地电阻时，接线图如图 4-12 所示。测量小于 1Ω 的接地电阻时，将仪表上的两个 E 端导线分别连接到被测物接地体上，以消除测量时连接导线电阻对测量结果引入的附加误差。

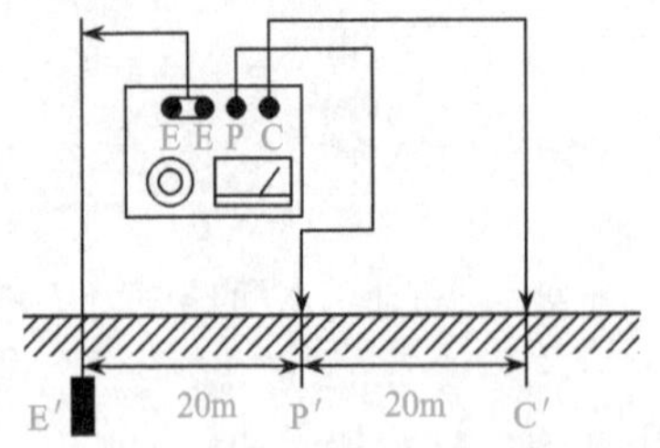

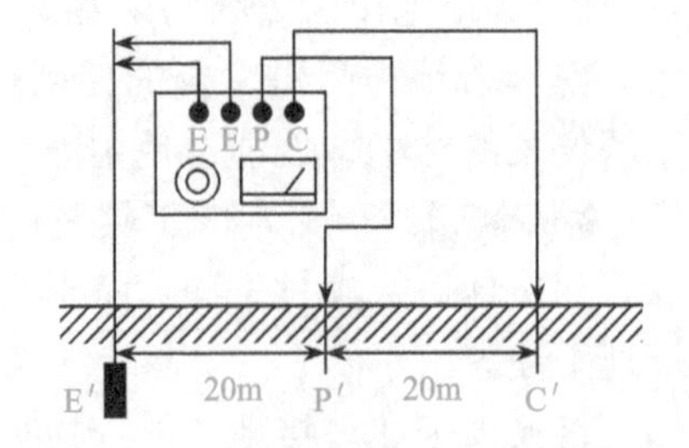

图 4-11 测量大于等于 1Ω 的接地电阻时的接线图　　图 4-12 测量小于 1Ω 的接地电阻时的接线图

2. 操作步骤

按照前面所述的接地电阻测量仪测量步骤进行测量，并计算测量结果。

技能训练二　ZC-8 型接地电阻测量仪的应用实例

一、技能训练目的

（1）了解 ZC-8 型接地电阻测量仪。

（2）进一步掌握 ZC-8 型接地电阻测量仪的使用方法。

二、技能训练设备

ZC-8 型接地电阻测量仪、其他相关设备及导线。

三、用 ZC-8 型接地电阻测量仪测量接地电阻的技能训练步骤

（1）拆开接地线与接地体的连接线，使断线卡处断开，或者拆开接地干线上所有接地支线上的连接线。

（2）将一根测量探针插在离接地体 40m 远的地中（电流探针 C′），将另一根探针插在离接地体 20m 远的地中（电位探针 P′），要使接地体 E′与两根测量探针 P′、C′在一条直线上，两根探针应垂直插入地下至少 400mm 深，如图 4-8 所示。

（3）将接地电阻测量仪置于接地体附近平整的地方后，准备接线。

（4）擦去接地体测量连接线处的污垢，用一根最短的导线连接测量仪上的接线端 C_2、P_2 的连接点 E 和接地体连接点。

（5）用一根最长的导线连接测量仪上的接线端 C_1 和一根 40m 远处的电流探针 C′。

（6）用一根中等长度的导线连接测量仪上的接线端 P′和一根 20m 远处的电位探针 P′。

（7）按照前述 ZC-8 型接地电阻测量仪的使用方法，测量被测物的接地电阻，将测量结果填入表 4-4。

表 4-4　接地电阻测量结果记录表

序　号	设备名称	接地方式	接地电阻
设备 1			
设备 2			

四、技能训练考评表

通过以上的技能训练练习，将技能训练考核内容认真做完，并且将考核评分填写到表 4-5 中。

表 4-5　技能训练考评表

考核项目	序　号	考核要求	配　分	评分标准	考核记录	得　分
接地电阻测量仪的认识	1	认识接地电阻测量仪的每个附件及作用	5	不能说明附件的作用每个扣 1 分		
	2	认识接地电阻测量仪的各个部分及作用	10	不能说明仪表的各部分作用扣 10 分		

续表

考核项目	序号	考核要求	配分	评分标准	考核记录	得分
接地电阻测量仪的使用	3	熟悉接地电阻测量仪的操作	10	不熟悉操作每步扣2分		
	4	接地电阻测量仪附件的正确使用	15	附件使用不正确每个扣5分		
	5	测量线路的正确连接	20	测量线路连接不正确每处扣5分		
	6	仪表的正确操作	15	不能正确操作仪表每步扣3分		
	7	准确记录测量数据于实训报告中	5	错误记录测量数据于实训报告中扣5分		
安全文明	8	安全操作	10	测量完毕不正确拆卸扣10分		
	9	清理现场	10	不按要求清理现场扣10分		
备注：					总分：	

项目评估检查

一、填空题

1．ETCR2000钳形接地电阻测量仪用于__________、__________、__________及其他设备的接地电阻测量。

2．数字接地电阻测量仪具有__________、__________、__________等特点。

3．ZC29型接地电阻测量仪上的E端为__________，P端为__________，C端为__________。

二、简答题

4．简述ZC29型接地电阻测量仪的测量步骤。

5．简述数字接地电阻测量仪的使用方法。

6．简述用ZC29型接地电阻测量仪测量大于1Ω和小于1Ω的接地电阻的测量方法有何不同。

三、操作题

7．利用数字接地电阻测量仪测量建筑物避雷针的接地电阻。

四、项目评价评分表

8．自我评价、小组互评及教师评价

评价项目	项目评价内容	分值	自我互评	小组互评	教师评价	得分
理论知识	① 了解接地电阻测量仪 的工作原理	10				
	② 熟悉接地电阻测量仪的使用方法	10				
	③ 了解接地电阻测量仪的组成	10				
	④ 熟悉接地电阻测量仪各部分的功能	10				
实操技能	① 熟悉接地电阻测量仪各部分的操作	10				
	② 会使用 ZC 系列接地电阻测量仪	20				
	③ 会使用 ETCR2000 钳形接地电阻测量仪	15				
	④ 准确记录测量数据于实训报告中	5				
安全文明	① 安全操作	5				
	② 清理现场	5				

9．小组学习活动评价表

班级：____________　小组编号：____________　成绩：____________

评价项目	评价内容及评价分值			自评	互评	教师评分
分工合作	优秀（12～15 分）	良好（9～11 分）	继续努力（9 分以下）			
	小组成员分工明确，任务分配合理，有小组分工职责明细表	小组成员分工较明确，任务分配较合理，有小组分工职责明细表	小组成员分工不明确，任务分配不合理，无小组分工职责明细表			
获取与项目有关质量、市场、环保等内容的信息	优秀（12～15 分）	良好（9～11 分）	继续努力（9 分以下）			
	能从网络等多种渠道获取信息，并能合理地选择信息、使用信息	能从网络等多种渠道获取信息，并能较合理地选择信息、使用信息	能从网络等多种渠道获取信息，但信息选择不正确，信息使用不恰当			
实际技能操作	优秀（16～20 分）	良好（12～15 分）	继续努力（12 分以下）			
	能按技能目标要求规范地完成每项实操任务	能按技能目标要求较规范地完成每项实操任务	能按技能目标要求完成每项实操任务，但规范性不够			
基本知识分析讨论	优秀（16～20 分）	良好（12～15 分）	继续努力（12 分以下）			
	讨论热烈，各抒己见，概念准确，原理思路清晰，理解透彻，逻辑性强，并有自己的见解	讨论没有间断，各抒己见，分析有理有据，思路基本清晰	讨论能够展开，分析有间断，思路不清晰，理解不透彻			

续表

评价项目	评价内容及评价分值			自评	互评	教师评分
成果展示	优秀（24～30 分）	良好（18～23 分）	继续努力（18 分以下）			
	能很好地理解项目的任务要求，成果展示逻辑性强，熟练利用信息技术（电子教室网络、互联网、大屏等）进行成果展示	能较好地理解项目的任务要求，成果展示逻辑性较强，能较熟练利用信息技术（电子教室网络、互联网、大屏等）进行成果展示	基本理解项目的任务要求，成果展示停留在书面和口头表达，不能熟练利用信息技术（电子教室网络、互联网、大屏等）进行成果展示			
总分						

项目总结

钳形接地电阻测量仪是一种新颖的测量工具，它方便、快捷，外形酷似钳形电流表，测量时不需要辅助测试桩，不需要切断设备电源或断开地线，方便接地电阻测量工作。ZC 系列接地电阻测量仪目前还在很多单位使用。熟练掌握这两种接地电阻测量仪的使用方法，可以为以后的工作奠定一定基础。

项目五

晶体管毫伏表的测量与使用

项目情境创设

晶体管毫伏表是一种用来测量电子电路中正弦交流电压有效值的电子仪表。它与一般的交流电压表或万用表的交流电压挡相比，具有频率范围宽、输入阻抗高、电压测量范围大和灵敏度高等特点。晶体管毫伏表可以测量频率范围很宽、电压值在毫伏或微伏级的交流电压，因而特别适用于电子电路，如对一般放大器和电子设备进行测量。由图 5-1 可知，毫伏表可测毫伏或微伏级的交流电压，而这是交流电压表和万用表望尘莫及的。

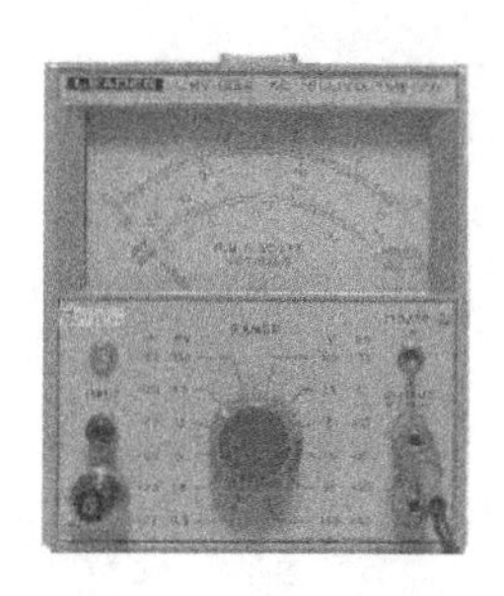

图 5-1 毫伏表与万用表交流电压挡的比较

项目学习目标

学习目标		学习方式	学时
技能目标	① 掌握晶体管毫伏表的使用方法，学会用晶体管毫伏表测量各种电信号的电压 ② 掌握晶体管毫伏表的使用注意事项	理论讲授、实训操作	1
知识目标	① 认识晶体管毫伏表 ② 了解晶体管毫伏表的工作原理	理论讲授、实训操作	1
情感目标	通过网络搜索查询认识各种晶体管毫伏表，了解晶体管毫伏表的使用方法，提高同学们对晶体管毫伏表使用重要意义的认识；通过小组讨论，培养获取信息的能力；通过相互协作，提高团队意识	网络查询、小组讨论、相互协作	课余时间

项目基本功

5.1 项目基本技能

技能一 晶体管毫伏表的认知

晶体管毫伏表（可简称毫伏表）是一种常用的低频电子交流电压表。测量交流电压，自然会想到万用表，可是有许多交流电压用普通万用表却难以测量。首先，交流电的频率范围很宽，低到十几赫兹的低频信号，高到数千兆赫兹的高频信号，而万用表则是以测量 50～1000Hz 的交流电为标准进行设计生产的；其次，有些交流电的幅度很小，甚至可以小到微伏级，再高灵敏度的万用表也无法测量；最后，交流电的波形种类多，除了正弦波外，还有方波、锯齿波、三角波等，对于上述这些交流电压，必须用专门的电子电压表来测量。

一、晶体管毫伏表的面板说明

1. 晶体管毫伏表的面板实物图和面板示意图

DA-16 型晶体管毫伏表的面板实物图和面板示意图分别如图 5-2 和图 5-3 所示。

图 5-2 DA-16 型晶体管毫伏表的面板实物图

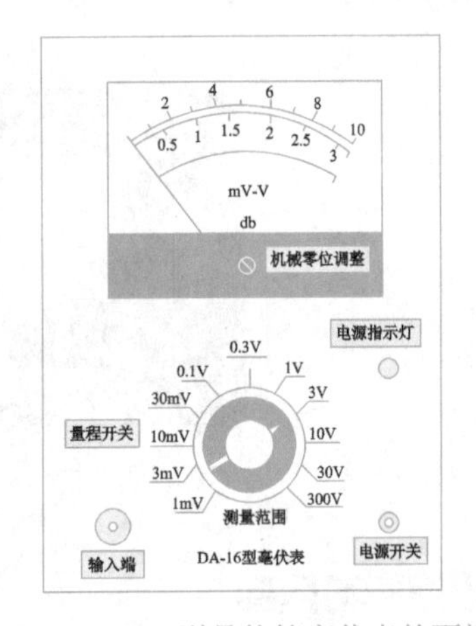

图 5-3 DA-16 型晶体管毫伏表的面板示意图

2. 晶体管毫伏表面板上各部分的功能

晶体管毫伏表面板上各部分的功能如表 5-1 所示。

表 5-1 晶体管毫伏表面板上各部分的功能

刻度盘、旋钮、开关	名 称	功 能
	电源开关	开、关电源

续表

刻度盘、旋钮、开关	名　称	功　能
	指示灯	接通电源时指示灯亮
	机械调零	在未接通电源的情况下先进行机械调零。用螺丝刀调节表头上的机械零位螺钉，使指针指准零位
	输入端	被测信号的输入端
	量程开关	量程开关分 11 挡。当选 1mV、10mV、0.1V、1V、10V 挡时，在第 1 条刻度线上读数；当选 3mV、30mV、0.3V、3V、30V、300V 挡时，在第 2 条刻度线上读数
	刻度盘	晶体管毫伏表的刻度盘共有 3 条刻度线，第 3 条刻度线用来表示测量电平的分贝值

二、晶体管毫伏表的技术性能和指标

例如，对于 DA-16 型晶体管毫伏表，它的电压测量范围为 100μV～300V，共分 11 挡量程，各挡量程上并列有分贝数（dB），可用于电平测量，被测电压的频率范围为 10Hz～1MHz，输入阻抗大于 1MΩ。DA-16 型晶体管毫伏表的技术性能和指标如表 5-2 所示。毫伏表的外观与普通万用表有些相似，由表头、刻度面板和量程开关等组成，不同的是，它的输入线不是像万用表那样的两支表笔，而是用同轴屏蔽电缆，电缆的外层是接地线，其目的是为了减小外来感应电压的影响，电缆端接有两个鳄鱼夹子，用来作为输入接线端。毫伏表的背面连着 220V 的工作电源线。

表 5-2　DA-16 型晶体管毫伏表的技术性能和指标

技术性能	指　标
电压测量范围	100μV～300V
量程挡级	分为 1mV、3mV、10mV、30mV、0.1V、0.3V、1V、3V、10V、30V、300V 共 11 个挡位
频率范围及误差	10Hz～1MHz，≤±5%
输入阻抗（1kHz 时）	在 1kHz 时，输入电阻大于 2MΩ，输入电容（包括接线电容在内）约为 40pF
测量电平范围	−50～+30dB（0dB=0.775V）
电源电压	220V±10%，50Hz±4%，消耗功率 3W
工作温度	0～40℃

技能二 晶体管毫伏表的使用方法和注意事项

一、晶体管毫伏表的使用方法

（1）毫伏表输入过载能力较弱，一般在使用前应将量程开关置于 3V 以上的挡位。

（2）接通电源后，将仪表的两根输入线短接，检查指针是否指在零位上，若不指零，可调节机械零位螺钉，使指针指到刻度尺的零位上，调零后断开短接线待用。

（3）根据估算的被测值，将毫伏表的量程开关旋至适当的量程挡位，若不能估算被测值的大小，应先放在较高量程挡位上，切勿使用低压挡去测高电压，以免严重过载损坏仪表。

（4）由于毫伏表灵敏度较高，在测量毫伏级低电压时，应将量程开关先置于 3V 以上的挡位，再接入被测电路，接入电路时，注意表的接地端应与被测电路和其他共用仪器“共地”，先夹（接）接地线，再夹（接）另一根测量线，然后再将量程开关旋至合适的毫伏挡位进行测量。测量完毕仍应先将量程开关转回到 3V 以上的高电压挡位，然后再依次取出测量线和地线。这些措施都是为了防止干扰电压引入输入端，影响测量的准确性及打坏指针。

（5）刻度盘上电压的刻度线共有 0～10 和 0～3 两条，使用不同的量程时，应在相应的刻度线上读数，并乘以合适的倍率。

二、晶体管毫伏表的使用注意事项

（1）毫伏表使用前应垂直放置，以提高测量精度。

（2）在未接通电源的情况下，先进行机械调零。方法是用螺丝刀调节表头上的机械零位螺钉，使指针指准零位。然后再将两个输入接线端（鳄鱼夹）短接后，接通 220V 工作电源，预热数分钟，使仪表达到稳定工作状态。

（3）毫伏表接入被测电路进行测量。接线时，先接上地线夹子，再接另一个夹子。测量完毕拆线时相反，先拆另一个夹子，再拆地线夹子。这样可避免人手触及不接地的另一个夹子时，交流电通过仪表与人体构成回路，形成数十伏的感应电压而打坏表针。

（4）在测量时，选择适当的量程挡位，特别是使用较高灵敏度挡位（mV 挡），不注意的话，容易使指针打坏。若被测电压无法预估，则应选择最大量程（300V）进行试测，再逐渐下降到合适的量程挡位，一般以使指针偏转至满刻度的 2/3 为宜。

5.2 项目基本知识

知识点 晶体管毫伏表的工作原理

一、识读晶体管毫伏表的测量电路原理图

由图 5-4 可知，DA-16 型晶体管毫伏表以 9 个三极管（VT_1～VT_9）为核心组成，包括衰减器、跟随器、分压器、多级放大器、整流电路、测量电路、反馈电路、另一个整流电

路、串联稳压电源和显示电路 10 个单元电路。由于在电工电子测量技术中分析电路不是最重要的任务，这里旨在为了方便同学们，将原理图与方框图对照起来更好地理解工作原理。

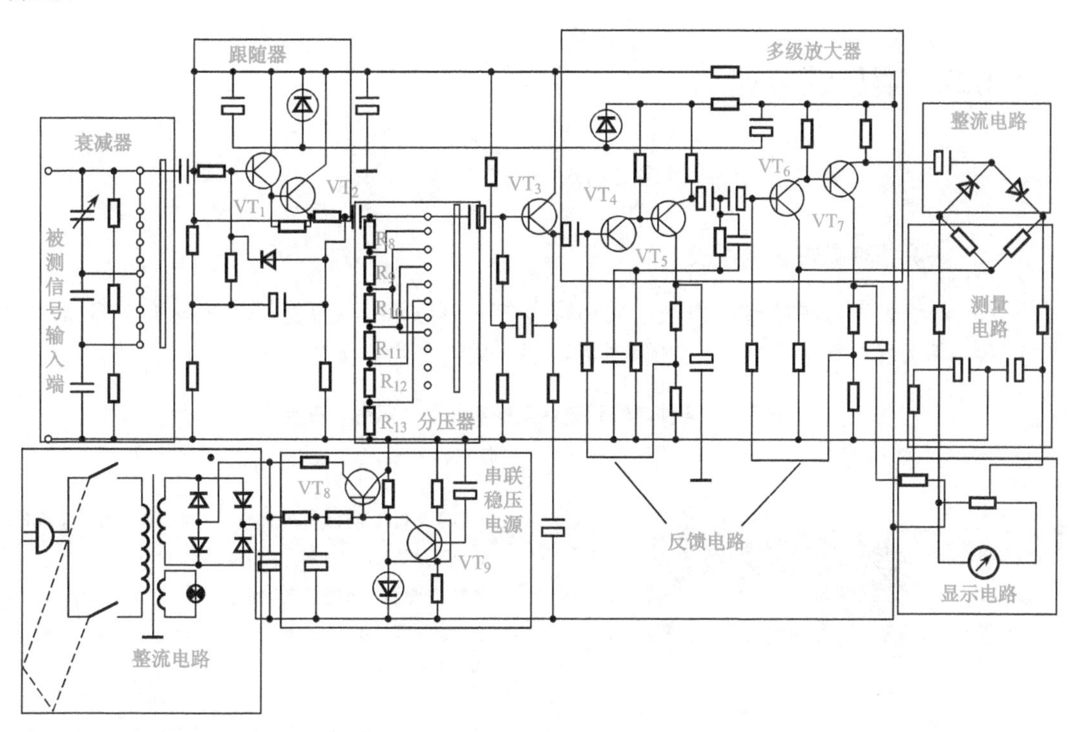

图 5-4　DA-16 型晶体管毫伏表的测量电路原理图

二、识读晶体管毫伏表的测量电路原理方框图

DA-16 型晶体管毫伏表的测量电路原理方框图如图 5-5 所示。

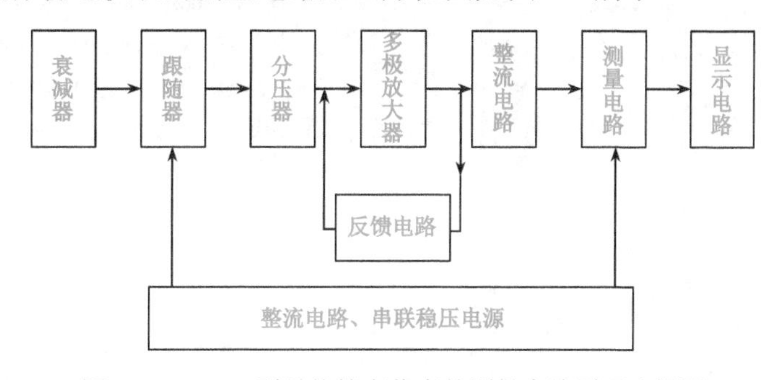

图 5-5　DA-16 型晶体管毫伏表的测量电路原理方框图

三、晶体管毫伏表的工作原理介绍

对图 5-4、图 5-5 分析可知，VT_8 和 VT_9 组成串联稳压电源，向其他部分电路供电。毫伏表由于前置级采用以 VT_1、VT_2 为核心的射极跟随器，从而能获得高输入阻抗和宽的频率测量范围，由 R_8～R_{13} 组成衰减器和分压器用来满足宽的电压测量范围，从分压器取得很小的电压经 VT_3 跟随，经 VT_4～VT_7 多级交流放大器进行放大，提高了仪表的灵敏度，

使其能测量毫伏级的电压，放大后的交流电压送至桥式全波整流电路，整流后的直流电压通过磁电式测量机构显示出来。面板上的刻度是已被换算成正弦交流电压的有效值，可直接进行读数。该表还兼有测量电压的功能。

5.3 项目综合训练

技能训练 晶体管毫伏表测量实例

一、认识各种晶体管毫伏表

虽然毫伏表有各种各样，但是，大部分可分为模拟指针式低频毫伏表与高频毫伏表和数字低频毫伏表与高频毫伏表，它们的实物图、用途与特点如表 5-3 所示。

表 5-3 各种晶体管毫伏表的实物图、用途与特点

名 称	实 物 图	用途与特点
低频数字显示交流毫伏表		用于测量任意波形的电压有效值和频率。液晶显示屏显示测量结果与当前仪表状态，量程可设置为手动、自动挡，测量结果可选择被测信号的电压有效值、分贝（dB）值和频率值。dB 功能的设置可用于增益、传输比、插入损耗等的测量
低频晶体管毫伏表		EM2171 型毫伏表具有自动平衡保护电路、开机不打表的功能，此功能目前在国内独家具有 性能指标：电压测量范围为 100μV～300V；测量电压的频率范围小于等于 10Hz～2MHz；基准条件下的电压误差为±3%（400Hz）；基准条件下的频响误差（以 400Hz 为基准）小于等于±8%；1mV～300MV 时，输入电阻大于等于 2MΩ，输入电容小于等于 50pF，1～300V 时，输入电阻大于等于 8MΩ，输入电容小于等于 20pF；噪声电压小于满刻度的 3%；电源为 220V±10%，50Hz±4%，视在功率约为 5VA
DA-16 型晶体管毫伏表		DA-16 型晶体管毫伏表具有高灵敏度、高输入阻抗及高稳定性等优点，在电路上采用了大信号检波使仪表具有良好的线性，而且噪声对测量精度影响很小，故在使用中不需要调零 它频带宽，从 10Hz 至 2MHz；测量电压范围广，从 100μV 至 300V；使用方便，是工厂、学校、科研单位不可缺少的测量设备

续表

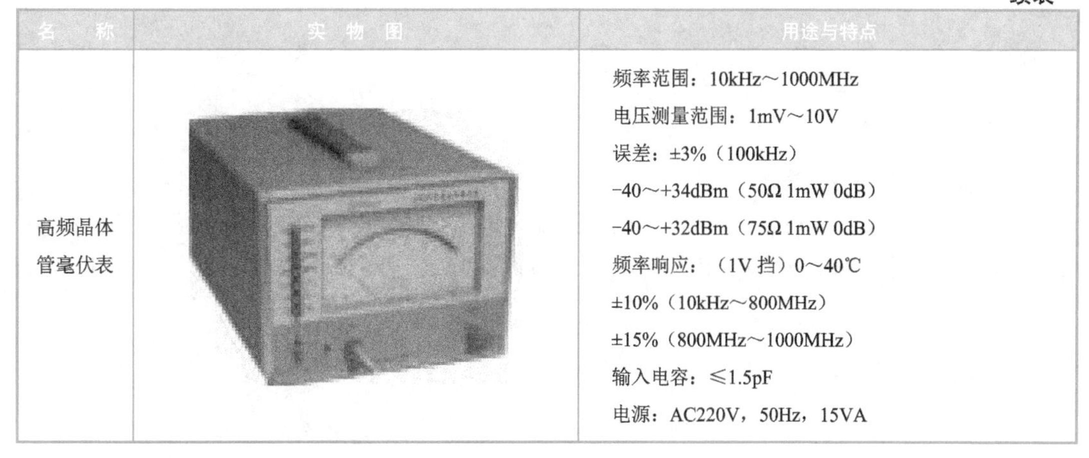

名　称	实　物　图	用途与特点
高频晶体管毫伏表		频率范围：10kHz～1000MHz 电压测量范围：1mV～10V 误差：±3%（100kHz） −40～+34dBm（50Ω 1mW 0dB） −40～+32dBm（75Ω 1mW 0dB） 频率响应：（1V 挡）0～40℃ ±10%（10kHz～800MHz） ±15%（800MHz～1000MHz） 输入电容：≤1.5pF 电源：AC220V，50Hz，15VA

二、用晶体管毫伏表测量稳压电源的性能指标

可使用晶体管毫伏表对稳压电源的各项性能指标进行测量。在稳压电源实训中，除需要掌握电路原理之外，更重要的是要对电源的性能指标进行测量。

1. 技能训练内容

（1）图 5-6 给出一个输出电压连续可调的稳压电源，性能指标要求为：输出电压 U_o=3～12V，最大输出电流 $I_{omax}=100\text{mA}$，负载电流 $I_o=80\text{mA}$，纹波电压 $\Delta U_{op-p}\leqslant$ 5mV，稳压系数 $S_v\leqslant 5\times10^{-3}$。

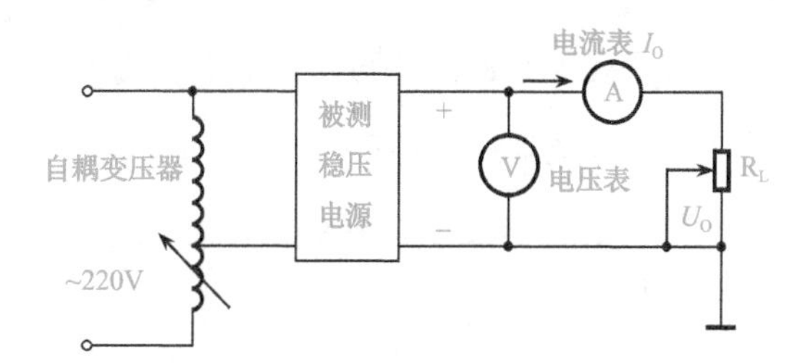

图 5-6　稳压电源性能指标的测量电路

（2）在保证电路正常工作后，测出稳压电源的性能指标 U_o、I_{omax}、S_v、R_o、ΔU_{op-p} 和 γ。

2. 测量仪器仪表

数字万用表、毫伏表。

3. 测量步骤

（1）输出电压与最大输出电流的测量

测量电路如图 5-6 所示。一般情况下，稳压电源正常工作时，其输出电流 I_o 要小于最大输出电流 I_{omax}，取 $I_o=0.5\text{A}$，可算出 R_L=18Ω，工作时 R_L 上消耗的功率为

$$P_L=U_oI_o=9\times0.5=4.5\text{W}$$

故 R_L 取额定功率为 5W、阻值为 18Ω 的电位器。

测量时，先使 $R_L=18\Omega$，交流输入电压为 220V，用数字电压表测量的电压值就是 U_o。然后慢慢调小 R_L，直到 U_o 的值下降 5%，此时流经 R_L 的电流就是 I_{omax}，记下 I_{omax} 后，要马上调大 R_L，以减小稳压电源的功耗。

（2）稳压系数的测量

按图 5-6 所示连接电路，在 $U_1=220\text{V}$ 时，测出稳压电源的输出电压 U_o；然后调节自耦变压器使输入电压 U_1=242V，测出稳压电源对应的输出电压 U_{o1}；再调节自耦变压器使

输入电压 U_1=198V，测出稳压电源的输出电压 U_{o2}。稳压系数为

$$S_v = \frac{\dfrac{\Delta U_o}{U_o}}{\dfrac{\Delta U_1}{U_1}} = \frac{220}{242-198} \cdot \frac{U_{o1}-U_{o2}}{U_o}$$

（3）输出电阻的测量

按图 5-6 所示连接电路，保持稳压电源的输入电压 $U_1 = 220\text{V}$，在不接负载 R_L 时测出开路电压 U_{o1}，此时 I_{o1}=0，然后接上负载 R_L，测出输出电压 U_{o2} 和输出电流 I_{o2}，则输出电阻为

$$R_o = -\frac{U_{o1}-U_{o2}}{I_{o1}-I_{o2}} = \frac{U_{o1}-U_{o2}}{I_{o2}}$$

（4）纹波电压的测量

用毫伏表观察 U_o 的有效值，测量 ΔU_o 的值（约几毫伏）。诚然，也可用示波器测得。

（5）纹波因数的测量

用交流毫伏表测出稳压电源输出电压交流分量的有效值，用万用表（或数字万用表）的直流电压挡测量稳压电源输出电压的直流分量，则纹波因数为

$$\gamma = \frac{\text{输出电压交流分量的有效值}}{\text{输出电压的直流分量}}$$

整理实验数据，并与理论值进行比较。

三、技能训练考评表

通过以上的技能训练练习，将技能训练考核内容认真做完，并且将考核评分填写到表 5-4 中。

表 5-4 技能训练考评表

考核项目	序号	考核要求	配分	评分标准	考核记录	得分
电路的搭建	1	认识电路中的每个元器件	5	不认识元器件每个扣 1 分		
	2	搭建电路	10	不能正确搭建电路扣 10 分		
毫伏表的使用	3	熟悉毫伏表各旋钮及开关的功能和操作	10	不熟悉各旋钮及开关的功能每个扣 2 分，不熟悉各旋钮及开关的操作每个扣 2 分		
	4	被测信号的输入正确	15	被测信号的输入不正确扣 15 分		
	5	测量线路的正确连接	20	测量线路连接不正确每处扣 5 分		
	6	仪表的正确操作	15	不能正确操作仪表每步扣 3 分		
	7	准确记录测量数据于实训报告中	5	错误记录测量数据于实训报告中扣 5 分		
安全文明	8	安全操作	10	测量完毕不关所用仪表扣 10 分		
	9	清理现场	10	不按要求清理现场扣 10 分		
备注：					总分：	

项目评估检查

一、填空题

1．晶体管毫伏表的电压测量范围为__________，共分__________挡量程。
2．万用表则是以测量__________Hz 的交流电为标准进行设计生产的。
3．晶体管毫伏表可以测量频率范围很宽、电压值在________或________的交流电压。
4．对于 DA-16 型晶体管毫伏表，被测电压的频率范围为__________。

二、简答题

5．晶体管毫伏表的使用注意事项有哪些？
6．简述晶体管毫伏表的使用方法。
7．简述晶体管毫伏表的工作原理。
8．DA-16 型晶体管毫伏表的主要特性有哪些？
9．毫伏表为什么用同轴屏蔽电缆而不用普通测试线？
10．交流毫伏表刻度盘上的 3 条线代表什么含义？

三、操作题

11．如图 5-7 所示，将交流毫伏表、函数信号发生器和示波器正确连接起来。

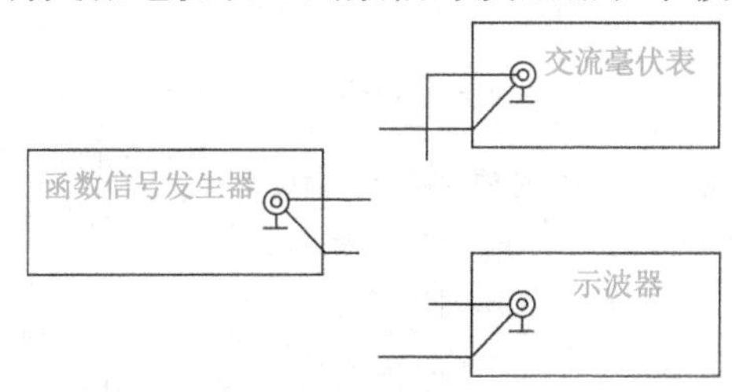

图 5-7　常用电工电子测量仪器仪表连线图

四、项目评价评分表

12．自我评价、小组互评及教师评价

评价项目	项目评价内容	分值	自我评价	小组互评	教师评价	得分
理论知识	① 了解晶体管毫伏表的工作原理	10				
	② 熟悉晶体管毫伏表的使用方法	10				
	③ 了解晶体管毫伏表的测量电路原理方框图	10				
	④ 熟悉毫伏表各旋钮及开关的功能	10				
实操技能	① 熟悉毫伏表各旋钮及开关的操作	20				
	② 测量电压的开关选择正确	15				
	③ 被测信号的输入接线正确	10				
	④ 准确记录测量数据于实训报告中	5				
安全文明	① 安全操作	5				
	② 清理现场	5				

13．小组学习活动评价表

班级：__________ 小组编号：__________ 成绩：__________

评价项目	评价内容及评价分值			自评	互评	教师评分
分工合作	优秀（12～15分）	良好（9～11分）	继续努力（9分以下）			
	小组成员分工明确，任务分配合理，有小组分工职责明细表	小组成员分工较明确，任务分配较合理，有小组分工职责明细表	小组成员分工不明确，任务分配不合理，无小组分工职责明细表			
获取与项目有关质量、市场、环保等内容的信息	优秀（12～15分）	良好（9～11分）	继续努力（9分以下）			
	能从网络等多种渠道获取信息，并能合理地选择信息、使用信息	能从网络等多种渠道获取信息，并能较合理地选择信息、使用信息	能从网络等多种渠道获取信息，但信息选择不正确，信息使用不恰当			
实际技能操作	优秀（16～20分）	良好（12～15分）	继续努力（12分以下）			
	能按技能目标要求规范地完成每项实操任务	能按技能目标要求较规范地完成每项实操任务	能按技能目标要求完成每项实操任务，但规范性不够			
基本知识分析讨论	优秀（16～20分）	良好（12～15分）	继续努力（12分以下）			
	讨论热烈，各抒己见，概念准确，原理思路清晰，理解透彻，逻辑性强，并有自己的见解	讨论没有间断，各抒己见，分析有理有据，思路基本清晰	讨论能够展开，分析有间断，思路不清晰，理解不透彻			
成果展示	优秀（24～30分）	良好（18～23分）	继续努力（18分以下）			
	能很好地理解项目的任务要求，成果展示逻辑性强，熟练利用信息技术（电子教室网络、互联网、大屏等）进行成果展示	能较好地理解项目的任务要求，成果展示逻辑性较强，能较熟练利用信息技术（电子教室网络、互联网、大屏等）进行成果展示	基本理解项目的任务要求，成果展示停留在书面和口头表达，不能熟练利用信息技术（电子教室网络、互联网、大屏等）进行成果展示			
总分						

项目总结

晶体管毫伏表是对电子产品的制作、调试和检修必不可少的仪表。毫伏表的过载能力比较差。由于无线电信号频率范围从赫兹到兆赫兹并且幅度从毫伏到伏，所以毫伏表也有低频毫伏表与高频毫伏表之分。特别是高频毫伏表的应用，希望同学们更好地去学习，同时熟练掌握低频毫伏表的使用方法。

项目六 信号发生器的测量与使用

项目情境创设

信号发生器是一种能提供各种频率、波形和输出电平电信号，常用作测试的信号源或激励源的设备，是为进行电工电子测量提供满足一定技术要求电信号的仪器设备。

信号发生器用来产生频率为 10Hz～1MHz 的正弦信号（低频），除具有电压输出外，有的还有功率输出。信号发生器用途十分广泛，可用于测试或检修各种电子仪器设备，如图 6-1 所示，也可用作高频信号发生器的外调制信号源。另外，在校准电子电压表时，它可提供交流信号电压。

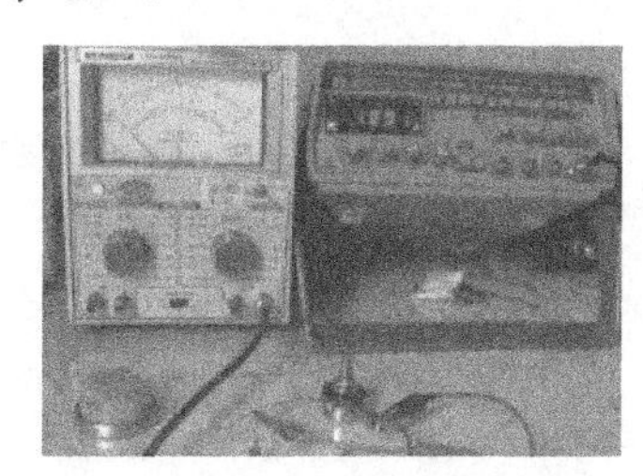

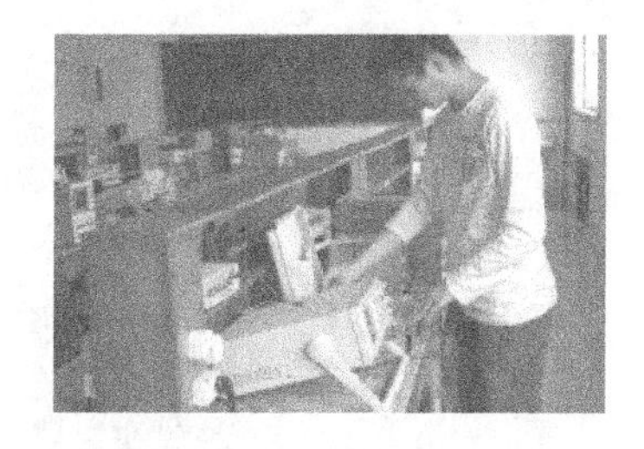

图 6-1 信号发生器可用于测试或检修各种电子仪器设备

项目学习目标

学习目标		学习方式	学时
技能目标	① 掌握信号发生器的使用方法，学会用信号发生器调节不同频率、不同幅值的电信号 ② 掌握低频信号发生器的使用方法 ③ 掌握电视信号发生器的使用方法 ④ 掌握函数信号发生器的使用方法	理论讲授、实训操作	4
知识目标	① 了解信号发生器的分类与性能指标等 ② 了解锁相信号发生器及合成信号发生器的工作原理 ③ 掌握函数信号发生器的工作原理 ④ 理解信号发生器主振荡器（振荡电路）的复杂性	理论讲授、实训操作	4
情感目标	通过网络搜索查询认识各种信号发生器，掌握信号发生器的使用方法，提高同学们对信号发生器使用重要意义的认识；通过小组讨论，培养获取信息的能力；通过相互协作，提高团队意识	网络查询、小组讨论、相互协作	课余时间

6.1 项目基本技能

技能 信号发生器的认知

信号发生器是一种能提供各种频率、波形和输出电平电信号，常用作测试的信号源或激励源的设备。具体来讲，凡能产生符合一定技术特性和要求的测试的信号源的设备，统称为信号发生器。

一、认识一些信号发生器

信号发生器是指产生所需参数的电测试信号的仪器。表 6-1 仅列出部分信号发生器的实物图和性能指标，意在“抛砖引玉”。

表 6-1 部分信号发生器的实物图和性能指标

名 称	实 物 图	性 能 指 标
XD1022 低频信号发生器		① 能产生 1Hz～1MHz 的正弦波信号、脉冲信号和 TTL 逻辑信号，其正弦波信号失真小，并有良好的频响 ② 输出电压有效范围为 0.05mV～6V，输出标准阻抗为 600Ω ③ 脉冲信号的幅度连续可调
AS1051S 高频信号发生器		① AM 和 FM 功能，且能外调制 ② 载波最大输出达 100dBμV ③ 输出频响平坦的稳幅功能 ④ 包括 88～108MHz 调频立体声信号发生 ⑤ 高频信号源音频输出：1kHz、3V AM/FM ⑥ 载波频率范围：0.1～150MHz
YZ-2008 电视信号发生器		① 电源：交流 220V±10% ② 功耗：<8W ③ 视频信号：PAL、NTSC、SECAM（可选）标准测试信号 ④ 音频载频信号：6.5MHz（中国 DK 制）、6.0MHz（英国、中国香港 I 制）、5.5MHz（联邦德国、荷兰、意大利 BG 制），数显任选；400Hz 和 1000Hz 调制由按键转换 ⑤ 射频信号：RF 输出幅度大于 82dB/μV，RF 调制度为 82%

续表

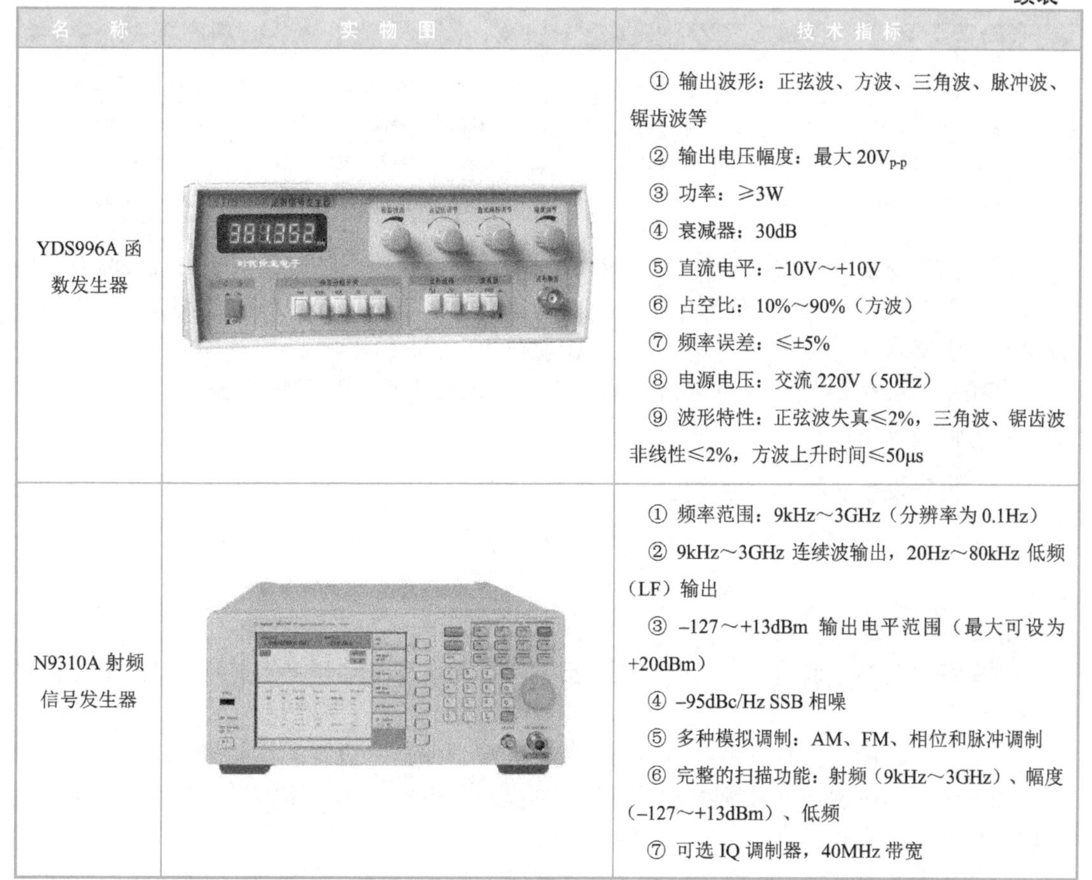

名　称	实　物　图	技　术　指　标
YDS996A 函数发生器		① 输出波形：正弦波、方波、三角波、脉冲波、锯齿波等 ② 输出电压幅度：最大 $20V_{p\text{-}p}$ ③ 功率：≥3W ④ 衰减器：30dB ⑤ 直流电平：-10V～+10V ⑥ 占空比：10%～90%（方波） ⑦ 频率误差：≤±5% ⑧ 电源电压：交流 220V（50Hz） ⑨ 波形特性：正弦波失真≤2%，三角波、锯齿波非线性≤2%，方波上升时间≤50μs
N9310A 射频信号发生器		① 频率范围：9kHz～3GHz（分辨率为 0.1Hz） ② 9kHz～3GHz 连续波输出，20Hz～80kHz 低频（LF）输出 ③ –127～+13dBm 输出电平范围（最大可设为+20dBm） ④ –95dBc/Hz SSB 相噪 ⑤ 多种模拟调制：AM、FM、相位和脉冲调制 ⑥ 完整的扫描功能：射频（9kHz～3GHz）、幅度（–127～+13dBm）、低频 ⑦ 可选 IQ 调制器，40MHz 带宽

二、信号发生器的分类

信号发生器的种类繁多，常按输出信号波形、调制方式、性能指标和频率范围（段）来分类。

1. 按照输出信号波形分类

按照输出信号波形分类有正弦信号发生器、函数（波形）信号发生器、脉冲信号发生器和随机信号发生器等四大品种。

2. 按照调制方式分类

按照调制方式分类有调幅信号发生器、调频信号发生器、调相信号发生器、射频信号发生器和脉冲调制信号发生器。

3. 按照性能指标分类

按照性能指标分类有一般信号发生器和标准信号发生器。

对于一般信号发生器，频率、幅度的准确度和稳定度及波形失真等要求不高。对于标准信号发生器，要求频率、幅度、调制系数等连续可调，读数准确、稳定，屏蔽良好。

4. 按照频率范围分类

按照频率范围分类时信号发生器的类型如表 6-2 所示。

表 6-2 按照频率范围分类时信号发生器的类型

类　型	频率范围	类　型	频率范围
超低频信号发生器	0.0001Hz～1kHz	高频信号发生器	200kHz～30MHz
低频信号发生器	1Hz～1MHz	甚高频信号发生器	30MHz～300MHz
视频信号发生器	20Hz～10MHz	超高频信号发生器	300MHz 以上
微波信号发生器	1GHz 以上	音频信号发生器	20Hz～20kHz

低频信号发生器一般指 1Hz～1MHz 频段、输出波形以正弦波为主或兼有方波及其他波形的发生器。一些老式的低频信号发生器的工作频率范围仅为 20Hz～20kHz，也称为音频信号发生器。

高频信号发生器按产生主振信号的方法不同可分为调谐信号发生器、锁相信号发生器、合成信号发生器。

三、信号发生器的主要性能指标

这里所讲的信号发生器的主要性能指标是针对信号发生器系统（各类信号发生器）而言的。

1. 频率特性

频率特性包括可调的频率范围、频率准确度、频率稳定度和其他指标，且这些指标均能得到保证。

（1）频率范围：信号发生器的各项指标都能得到保证时的输出频率范围。

（2）频率准确度：信号发生器刻度盘（或显示）数值与实际输出信号频率间的偏差，一般用相对误差来表示。

（3）频率稳定度：其他外界条件恒定不变的情况下，在规定时间内，信号发生器输出频率相对于预调值变化的大小。频率稳定度又分为频率短期稳定度和频率长期稳定度。

2. 输出特性

正弦信号发生器的输出特性一般包括输出电平范围、输出电平的频率响应、输出电平的准确度、输出阻抗及输出信号的频谱纯度等指标。

（1）输出电平范围：即输出信号幅度的有效范围，也就是信号发生器的最大和最小输出电平的可调范围。输出幅度可用电压（mV、V）和分贝（dB）两种方式表示。

（2）输出电平的频率响应：在有效频率范围内调节频率时输出电平的变化情况，也就是输出电平的平坦度。

（3）输出电平的准确度：一般由电压表刻度误差、输出衰减器换挡误差、0dB 准确度和输出电平的平坦度等几项指标综合组成。

（4）输出阻抗：信号发生器的输出阻抗视其类型不同而异。低频信号发生器的输出阻抗为 600Ω 或 1kΩ，功率输出端有 50Ω、75Ω、150Ω、600Ω 和 5kΩ 等。高频信号发生器的输出阻抗为 50Ω 或 75Ω。

（5）输出信号的频谱纯度：信号源输出的实际频谱与理想频谱的接近程度，常用非线性失真系数表示。

3. 输出形式

输出形式有平衡输出（对称输出）、不平衡输出（不对称输出）。

4. 输出波形的谐波失真度

输出波形的谐波失真度（非线性失真度）：信号中所有谐波能量之和与基波能量之比的百分数。

5. 调制特性

调制特性是描述高频信号发生器输出正弦波的同时输出调频、调幅、调相或脉冲调制信号的能力。

6.2 项目基本知识

知识点一　低频信号发生器的认知与使用

一、XD-1 低频信号发生器的认知

1. XD-1 低频信号发生器的面板

XD-1 低频信号发生器是一种多功能多用途测试信号电源，其面板示意图如图 6-2 所示。

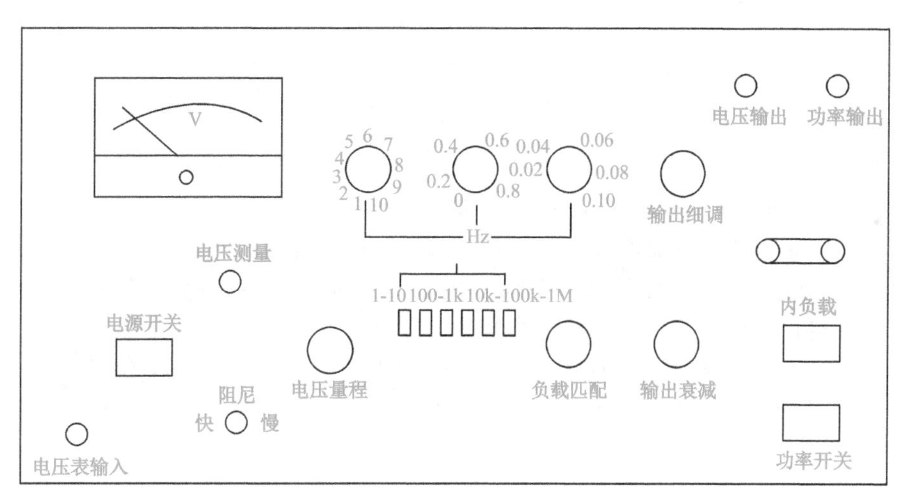

图 6-2　XD-1 低频信号发生器的面板示意图

2. XD-1 低频信号发生器的技术性能和指标

XD-1 低频信号发生器的技术性能和指标如表 6-3 所示。

表 6-3　XD-1 低频信号发生器的技术性能和指标

技术性能	指　标	技术性能	指　标
输出频率范围	0.2Hz～2MHz，按每挡十倍频程覆盖率分类，共分 7 挡	输出信号阻抗	50Ω
函数输出占空比	20%～80%，±5%连续可调	信号频率稳定度	±0.1%/min

续表

技术性能	指标	技术性能	指标
电源适应性及整机功耗	110V/220V+10%，50Hz/60Hz±5%，功耗小于等于 20W	工作环境温度	0～40℃
输出信号波形	正弦波、三角波、方波		

二、低频信号发生器的组成

虽然各工厂生产的低频信号发生器的型号不同。内部结构和功能也有差异，但它们的基本组成部分都是一个 RC 振荡器，也就是具有文氏电桥正反馈电路的两级阻容耦合放大器。此外，为了实现信号源与负载的阻抗匹配和调节输出电压、电流的大小，还附有射极（或电子管阴极）输出器等形式的功率输出级，以及指示电压、频率高低的指示仪表和装置。低频信号发生器的组成框图如图 6-3 所示。

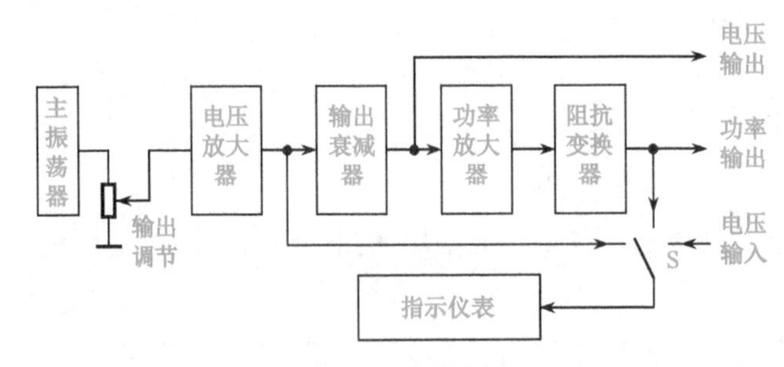

图 6-3　低频信号发生器的组成框图

1. 主振荡器

（1）作用：产生与输出信号频率一致的低频正弦信号。

（2）电路结构：RC 文氏桥式振荡器、差频式振荡器。

（3）RC 文氏桥式振荡器的优点：波形失真小，振幅稳定，频率调节方便，频率可调范围宽。RC 文氏桥式振荡器的缺点：频率覆盖系数（即最高频率与最低频率之比）为 10，要覆盖 1Hz～1MHz 的频率范围，至少需要 5 个波段。

（4）差频式振荡器的优点：在不分波段的情况下得到很宽的频率覆盖范围。差频式振荡器的缺点：对振荡器频率稳定性要求很高，两个振荡器应远离整流管、功率管等发热元器件，彼此分开，并有效屏蔽。

2. 电压放大器

作用：缓冲、电压放大。

3. 输出衰减器

作用：改变信号发生器的输出电压或功率。

4. 功率放大器及阻抗变换器

功率放大器的作用：对衰减器输出的电压信号进行功率放大，使信号发生器达到额定功率输出。阻抗变换器的作用：实现功率输出的阻抗变换以实现匹配连接。

三、XD-1 低频信号发生器的使用

（1）准备工作：选择合适的电源电压，开机预热，幅度旋钮置最小。

（2）选择频率。

（3）输出衰减倍数：特别注意输出衰减倍数与实际电压之间的关系如表 6-4 所示。

（4）输出阻抗的配接：匹配连接。

（5）输出电压的测读：表头电压值表示即为输出电压值，但是一定要表头显示值除以电压衰减倍数得到真正输出电压值。

表 6-4　表头指示与输出衰减分贝数的关系

衰减 dB 数	电压衰减倍数	衰减 dB 数	电压衰减倍数
10	3.16	20	10
30	31.6	40	100
50	316	60	1000
70	3160	80	10000
90	31600	0	1

此表的排列有什么样的规律，请同学们自己总结一下。

知识点二　高频信号发生器的认知与使用

一、高频信号发生器的认知

1. 认识 XFG-7 高频信号发生器

XFG-7 高频信号发生器的面板实物图和面板示意图分别如图 6-4 和图 6-5 所示。

图 6-4　XFG-7 高频信号发生器的面板实物图

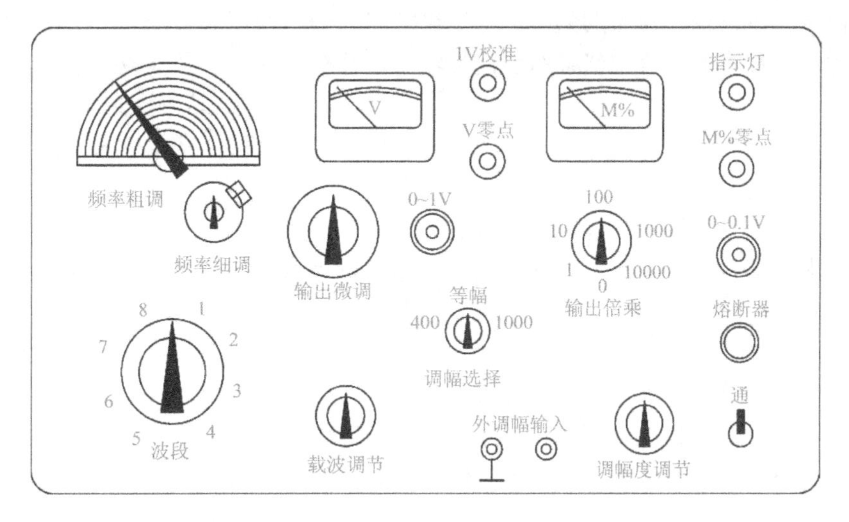

图 6-5　XFG-7 高频信号发生器的面板示意图

2. 认识 QF1052 合成信号发生器

QF1052 合成信号发生器的面板实物图和面板示意图分别如图 6-6 和图 6-7 所示。

图 6-6 QF1052 合成信号发生器的面板实物图

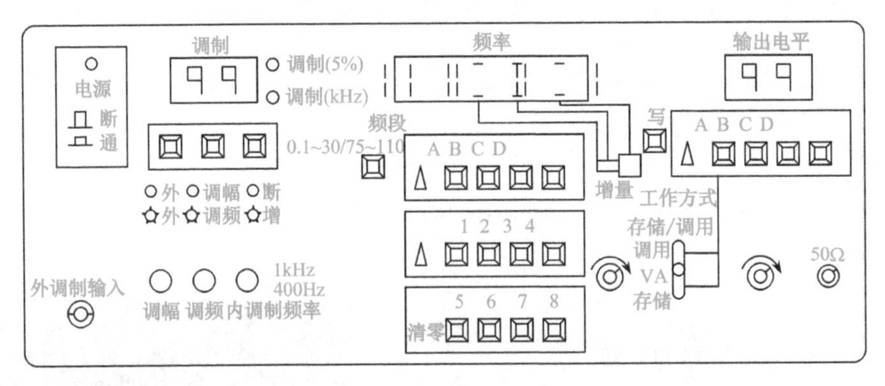

图 6-7 QF1052 合成信号发生器的面板示意图

有关 XFG-7 高频信号发生器和 QF1052 合成信号发生器的电路方框图、工作原理参阅后面的内容，在此不再赘述。

二、高频信号发生器的工作原理

高频信号发生器也称射频信号发生器，频率范围为 30kHz～1GHz（允许向外延伸），具有一种或一种以上调制或组合调制（正弦调幅、正弦调频、脉冲调制）功能。

高频信号发生器输出信号的频率、电平在一定范围内均可调节。为了适应实际测量的需要，高频信号发生器具有微伏级的小信号输出，并有较好的信号屏蔽作用，以免影响测量准确性。

按产生主振信号的方法不同，高频信号发生器可分为调谐信号发生器、锁相信号发生器和合成信号发生器三大类。

1. 调谐信号发生器的组成与工作原理

由调谐振荡器构成的信号发生器称为调谐信号发生器，其工作频率 f_0 为

$$f_0 = \frac{1}{2\pi\sqrt{LC}}$$

构成调谐振荡器的电路如图 6-8 所示。

（1）调谐信号发生器的组成

调谐信号发生器主要包括主振荡器、缓冲器、调制器、内调制振荡器、输出级、监测指示电路和电源等，其组成框图如图 6-9 所示。

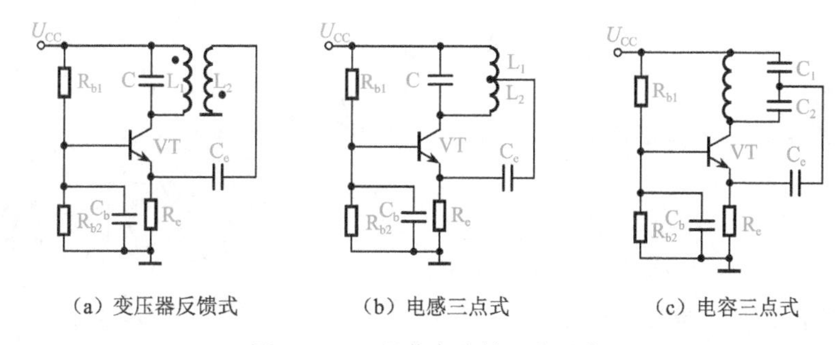

（a）变压器反馈式　（b）电感三点式　（c）电容三点式

图 6-8　LC 振荡电路的 3 种形式

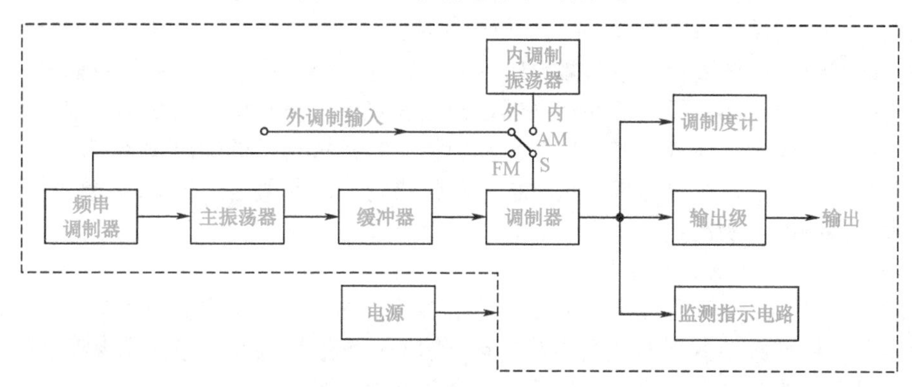

图 6-9　调谐信号发生器的组成框图

（2）调谐信号发生器的工作原理

① 主振荡器：用于产生高频振荡信号，它是信号发生器的核心，信号发生器的主要工作特性大都由它决定。

② 缓冲器：主要起隔离放大的作用，用来隔离调制器对主振荡器可能产生的不良影响，以保证主振荡器工作稳定，并将主振信号放大到一定的电平。

③ 调制器：主要完成对主振信号的调制。

④ 内调制振荡器：供给符合调制器要求的音频正弦调制信号。

⑤ 输出级：主要由放大器、滤波器、输出微调、输出衰减器等组成。

⑥ 监测指示电路：监测指示输出信号的载波电平和调制系数。

2. 锁相信号发生器的组成与工作原理

以 LC 或 RC 振荡器为主振荡器的信号发生器的频率范围、频率准确度、频率稳定度等指标很难满足通信及电子测量技术发展的要求。

锁相信号发生器是在高性能的调谐信号发生器中增加频率计数器，并将信号源的振荡频率利用锁相原理锁定在频率计数器的时基上，而频率计数器又是以高稳定度的石英晶体振荡器为基础的，从而使锁相信号发生器的输出频率的稳定度和准确度大大提高，同时信号的频谱纯度等性能特性也有很大改善。

（1）锁相信号发生器的组成

锁相信号发生器是由基准晶振、鉴相器（PD）、低通滤波器（LPF）和压控振荡器（VCO）组成的一个闭环反馈系统，如图 6-10 所示。

① 鉴相器（PD）：输出电压随两个输入信号相位的变化而变化。

② 低通滤波器（PLF）：滤除高频成分，留下低频、直流成分。

③ 基准晶振：一般为采用石英晶体的高稳定度振荡器。

④ 压控振荡器（VCO）：通过改变变容二极管直流偏置而改变容量，从而改变振荡器频率。

（2）锁相信号发生器的工作原理

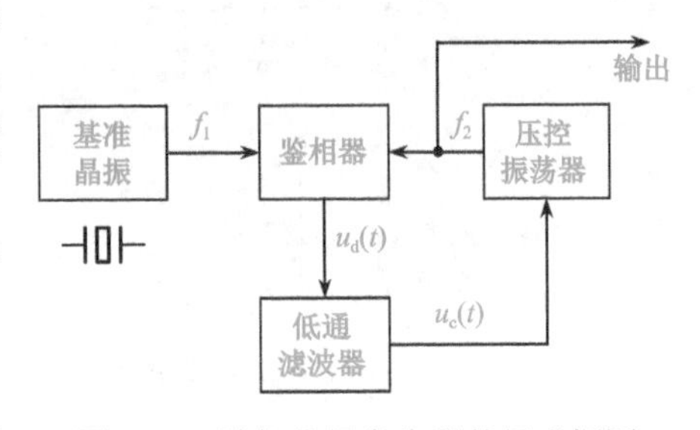

图 6-10　锁相信号发生器的组成框图

锁相信号发生器的工作原理如下：当压控振荡器输出频率 f_2 由于某种原因变化时，相位也相应发生变化，该相位变化在鉴相器中与晶振频率 f_1 的稳定相位相比较，使鉴相器输出一个与相位差成比例的电压 $u_d(t)$，经过低通滤波器，检出其直流分量 $u_c(t)$，用 $u_c(t)$控制压控振荡器中压控元件（如变容二极管电容）数值，从而控制压控振荡器的输出频率 f_2，使其不但频率和晶振频率一致，相位也同步，这时称为相位锁定，因此最终压控振荡器输出频率的稳定度就由晶振频率 f_1 所决定。

3. 合成信号发生器的组成与工作原理

合成信号发生器是利用频率合成器代替主振荡器的信号发生器。而频率合成器是以一个或少量几个标准频率为基准，利用锁相环（PLL）等进行频率合成的频率振荡器，所以频率合成器产生的信号具有很高的频率稳定度和极纯的频谱。

所谓频率合成，是指对一个或多个基准频率进行频率的加、减（混频）、乘（倍频）、除（分频）四则运算，从而得到所需的频率。频率合成的方法很多，但基本上分为两类，即直接合成法和间接合成法。直接合成法包括模拟直接合成法和数字直接合成法。模拟直接合成法采用基准频率通过谐波发生器，产生一系列谐波频率，然后利用混频、倍频和分频进行频率的算术运算，最终得到所需的频率。数字直接合成法则利用 RAM 和 DAC 结合，通过控制电路，从 RAM 单元中读出数据，再进行数模转换，得到一定频率的输出波形。间接合成法则是通过锁相技术进行频率的算术运算，最后得到所需的频率。

（1）QF1052 合成信号发生器的组成

除主振荡器外，合成信号发生器的其他部分与调谐信号发生器相似。它的设计理念是用频率合成器代替主振荡器。图 6-11 所示为 QF1052 合成信号发生器的组成框图，它由射频部分、锁相部分、调制部分和控制部分等组成。

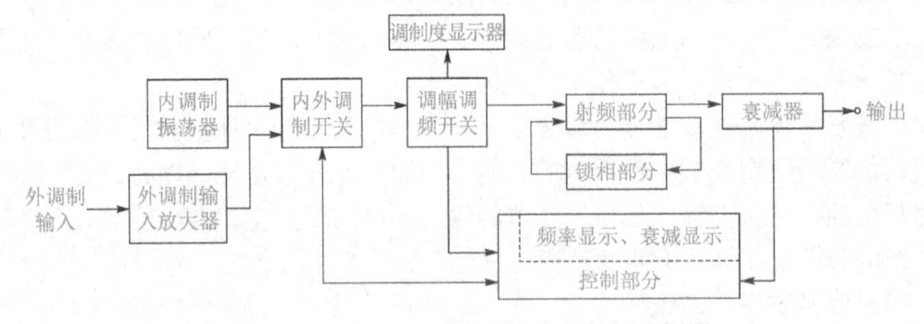

图 6-11　QF1052 合成信号发生器的组成框图

（2）QF1052 合成信号发生器的工作原理

① 调制部分。该部分由内调制振荡器、内外调制开关、调幅调频开关、调制度显示

器和外调制输入放大器等组成。内调制振荡器产生 400Hz 或 1kHz 的低频正弦信号，经内外调制开关、调幅调频开关，加到射频部分实现调幅或调频。调制度显示器通过测量调制信号的振幅来显示调制度的大小。

② 射频部分：该部分主要由压控振荡器、调制器、放大器、晶体振荡器和混频器等组成。压控振荡器可直接输出 75～110MHz 的频率信号，也可与 80MHz 晶体振荡信号混频后，取出 0.3～30MHz 的差频信号输出，输出信号经缓冲、放大和衰减后，送至输出插孔输出。调制信号经电容分压后，加到压控振荡器中变容二极管上实现调频。调幅时，调制信号经放大后通过控制调制器中 PIN 二极管实现调幅。

③ 锁相部分。该部分由变倍频器、鉴相器、滤波器和压控振荡器（在射频部分内）组成。来自射频部分的输出信号经倍频、鉴相、滤波后，反馈到压控振荡器中变容二极管达到锁相的目的。

④ 控制部分。该部分包括频率控制器、输出电平的置定及其码组变换电路、存储器及其外围电路、显示电路。该部分主要完成输出频率与电平的置定、调制状态的选择、数据的存储与调用等功能。

三、XFG-7 高频信号发生器应用实例

XFG-7 高频信号发生器是一个具有标准频率与标准输出电压的高频信号发生器。它既能产生等幅波，又能产生调幅波，可以方便地应用于高频放大器、调制器及滤波器性能指标的测量，特别适用于无线电接收机性能指标的测量。

1. XFG-7 高频信号发生器的组成

XFG-7 高频信号发生器的组成框图如图 6-12 所示。XFG-7 高频信号发生器主要由主振荡器、调制器、内调制振荡器、输出级、调幅度指示器、监测器和电源等组成。

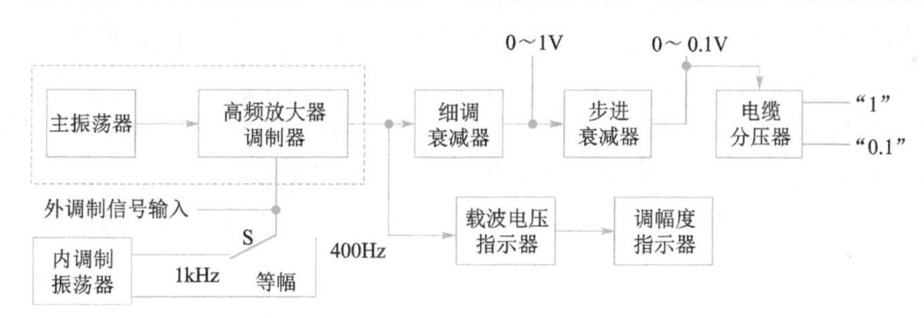

图 6-12　XFG-7 高频信号发生器的组成框图

主振荡器产生的高频正弦信号，送入调制器，利用内调制振荡器或外调制输入的音频信号调制，再送至输出级，以保证有一定的输出电平调节范围和恒定的源阻抗。监测器用来测量输出信号的载波电平和调幅系数。

2. XFG-7 高频信号发生器的工作原理

（1）主振荡器（LC 振荡器）即载波发生器，也叫高频振荡器，其作用是产生高频等幅信号。而高频信号发生器的主振荡器一般采用电感反馈和变压器反馈振荡电路，通常通过切换振荡回路中不同的电感来改变频段，通过改变振荡回路中的电容来改变振荡频率的调节。

（2）高频放大器调制器完成放大、调幅，它分为内调制信号和外调制信号两种。内调制振荡器（LC 振荡器）产生 400Hz 或 1kHz 低频正弦信号，当高频信号幅度一定时，调幅度的大小由调制信号电压决定。调幅度指示器是通过测量低频信号的振幅来指示调幅波的调幅度的。外调制多采用正弦波幅度调制、脉冲调制、视频幅度调制和正弦波频率调制等。调幅主要用于高频段，调频主要用于甚高频和超高频段，脉冲调制多用于微波信号发生器，视频调制主要用于电视使用的频段。

（3）输出级主要由放大器、滤波器、连续可调衰减器（连续调节输出幅度）、步进衰减器（对输出信号进一步衰减）等组成。细调衰减器用来连续调节输出幅度，调节范围为 0～1V。步进衰减器由 4 节 π 形四端网络连接而成，用于对输出信号进行进一步衰减，其输出电压最大仅为 0.1V。为了获得更小的输出电压，信号发生器还配有一根内藏分压器的输出电缆，分压比分别为 1：1 和 1：10，在这根电缆的插口上分别标有“1”和“0.1”字样，由此可选择附加分压比。对输出级的要求是：输出电平调节范围宽，能准确读出衰减量，有良好的频率特性，输出端有固定而准确的内阻。

3. XFG-7 高频信号发生器的使用方法

（1）准备工作。通电前将载波调节、调幅度调节和输出微调旋钮逆时针旋转到最小位置，将输出倍乘开关置于 1。

（2）调零。通电前对指示电表进行机械调零。通电后，将波段开关置于任意两挡之间，使主振荡器停振，调节 V 零点旋钮使 V 表指针指在零点。接着将波段开关调至任意挡使振荡器振荡，调节载波调节旋钮使 V 表指针指在红线 1 上，调节 M%零点旋钮使 M%表指针指在零点。

（3）调节频率。将波段开关置于所需波段位置，调节频率粗调、频率细调旋钮得到准确频率。

（4）调节电压。调节载波调节旋钮使 V 表指针指在红线 1 上，根据所需电压选择输出插孔。

① 输出电压在 0.1V 以上时，选择 0～1V 插孔，这时输出电压由输出微调旋钮读出，其读盘最大读数为 1V，调节输出微调旋钮至所需的输出电压值。

② 输出电压在 0.1V 以下时，选择 0～0.1V 插孔，这时输出电压为输出微调旋钮读数与输出倍乘开关读数的乘积，单位为 μV。

③ 若要求输出低阻抗的微弱信号，则可在 0～0.1V 插孔上加接带有分压器的电缆，并在“0.1”插口处引出信号，输出电压即为上述读数方法所得结果的 1/10。

（5）高频等幅信号输出。将调幅选择开关置于“等幅”位置。

（6）调幅波输出。根据调制信号来源分为内调幅和外调幅。

① 内调幅时，将调幅选择开关置于 400Hz 或 1000kHz 位置，在 V 表指示为 1 的情况下，调节调幅度调节旋钮使 M%表指针指在所需的位置上。最常用的标准调幅度为 30%。

② 外调幅时，将调幅选择开关置于“等幅”位置，在外调幅输入接线柱上接入频率为 50Hz～8kHz 的低频正弦信号作为外调制信号，其他操作与内调幅相同。

4. XFG-7 高频信号发生器的使用注意事项

（1）使用 0～0.1V 插孔时，应将 0～1V 插孔盖住，反之亦然，盖住 0～0.1 插孔。

（2）使用内调幅时，不能在接线柱上加外调制信号。

（3）使用高频信号发生器还应注意如下两点。

① 接收机的测试。高频信号发生器的典型应用是用来测试接收机的性能，为了使接收机符合实际工作情况，必须在接收机与仪器间接一个等效的天线，等效天线接在电缆分压器的分压接线柱与接收机的天线接线柱之间。

② 阻抗匹配。信号发生器只有在阻抗匹配的情况下才能正常工作。否则，除引起衰减系数误差外，还影响前级电路的工作，降低信号发生器的功率，在输出电路中出现驻波。因此，在阻抗不匹配的状态下，应在信号发生器的输出端与负载间加一个阻抗变换器。

知识点三　脉冲信号发生器的认知与使用

脉冲信号发生器主要是为脉冲电路（数字电路）的动态特性的测试提供脉冲信号。

一、脉冲信号发生器的认知

1. 脉冲信号发生器的面板实物图和面板示意图

图 6-13 所示为 XC-15 脉冲信号发生器的面板实物图和面板示意图。

（a）面板实物图

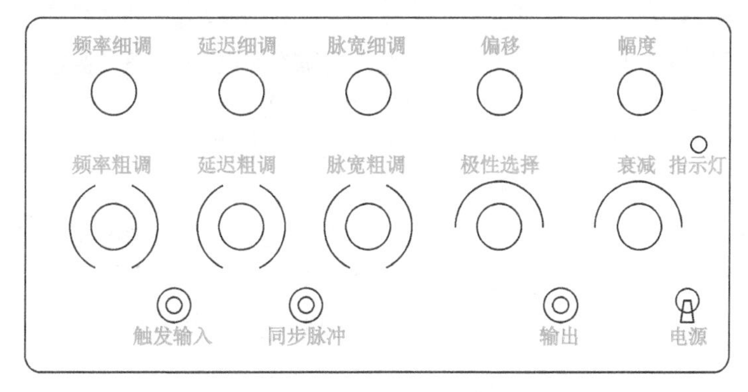

（b）面板示意图

图 6-13　XC-15 脉冲信号发生器的面板实物图和面板示意图

2. 脉冲信号发生器面板旋钮与开关的功能

脉冲信号发生器面板旋钮与开关的功能如表 6-5 所示。

表 6-5 脉冲信号发生器面板旋钮与开关的功能

旋钮与开关名称	功能
频率粗调开关和频率细调旋钮	调节频率粗调开关和频率细调旋钮可实现脉冲频率在 1kHz～100MHz 范围内的连续调整 频率粗调开关分 10 挡：1kHz、3kHz、10kHz、100kHz、300kHz、1MHz、3MHz、10MHz、30MHz、100MHz 频率细调旋钮用于精细调整脉冲频率，顺时针旋转，频率升高，反之，频率降低。顺时针旋转频率细调旋钮到底时的脉冲频率为频率粗调开关所在挡的频率，逆时针旋转到底时的脉冲频率比频率粗调开关所在挡低一挡
延迟粗调开关和延迟细调旋钮	调节延迟粗调开关和延迟细调旋钮可实现延迟时间在 5ns～300μs 范围内的连续调整 延迟粗调开关分 10 挡：5ns、10ns、30ns、100ns、300ns、1μs、3μs、10μs、30μs、100μs 顺时针旋转延迟细调旋钮，延迟时间增大，反之，延迟时间减小。顺时针旋转延迟细调旋钮到底时的延迟时间比延迟粗调开关所在挡高一挡，逆时针旋转到底时的延迟时间为延迟粗调开关所在挡的延迟时间
脉宽粗调开关和脉宽细调旋钮	调节脉宽粗调开关和脉宽细调旋钮可实现脉宽在 5ns～300μs 范围内的连续调整 脉宽粗调开关分 10 挡：5ns、10ns、30ns、100ns、300ns、1μs、3μs、10μs、30μs、100μs 顺时针旋转脉宽细调旋钮，脉宽增大，反之，脉宽减小。顺时针旋转脉宽细调旋钮到底时的脉宽比脉宽粗调开关所在挡高一挡，逆时针旋转到底时的脉宽为脉宽粗调开关所在挡的脉宽
极性选择开关	调节极性选择开关可使脉冲信号发生器输出 4 种脉冲波形中的一种
偏移旋钮	调节偏移旋钮可改变输出脉冲对地参考电平，即直流偏置
衰减开关和幅度旋钮	调节衰减开关和幅度旋钮可实现输出脉冲幅度在 150mV～5V 范围内的调整

二、脉冲信号发生器的使用注意事项

（1）不能空载使用，必须接入 50Ω 负载，尽量不接电抗负载，以免引起波形畸变。

（2）开机预热 15min 后使用。

三、脉冲信号发生器的分类

1. 按照用途分类

按照用途分类，脉冲信号发生器一般分为通用脉冲信号发生器、快沿脉冲信号发生器、数字可编程脉冲信号发生器和特种脉冲信号发生器 4 类。

（1）通用脉冲信号发生器：输出脉冲信号的频率、幅度、延迟时间等可在一定范围内连续可调，输出脉冲一般都有正、负两种极性。

（2）快沿脉冲信号发生器：以快速前沿为特征，主要用于各类电路瞬态特性测试。

（3）数字可编程脉冲信号发生器：是伴随集成电路技术、微处理器技术发展而产生的

（4）特种脉冲信号发生器：具有特殊用途、对某些性能指标有特定要求的脉冲信号发生器。

2. 按照频率范围分类

脉冲信号发生器有射频脉冲信号发生器和视频脉冲信号发生器两种。前者一般是高频或超高频信号发生器受矩形脉冲的调制而获得的，而常用的脉冲信号发生器都是以产生矩形脉冲为主的视频脉冲信号发生器。

四、脉冲信号的基本参数

矩形脉冲信号是最基本的脉冲信号，如图 6-14 所示，其基本参数如下。

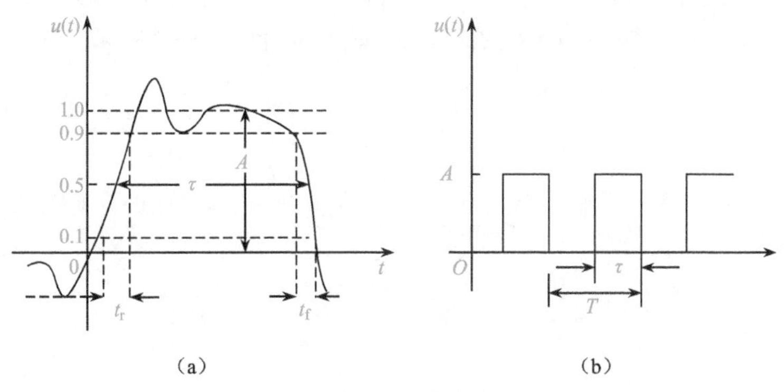

图 6-14　矩形脉冲信号

（1）脉冲振幅 A：指脉冲顶量值与底量值之差。

（2）上升时间 t_r：指由 10%电平处上升到 90%电平处所需的时间，也叫脉冲前沿。

（3）下降时间 t_f：指由 90%电平处下降到 10%电平处所需的时间，也叫脉冲后沿。

（4）脉冲宽度 τ（或 t_w）：脉冲宽度本应指脉冲出现后所持续的时间，但是由于脉冲波形差异很大，顶部和底部宽度并不一致，所以定义脉冲宽度为前、后沿 50%电平处的宽度。

（5）脉冲周期和重复频率：如图 6-14（b）所示。

（6）脉冲的占空系数 ε：脉冲宽度 τ 与脉冲周期 T 的比值称为占空系数或占空比，即 $\varepsilon=\tau/T$。

五、通用脉冲信号发生器的组成

脉冲信号发生器可以产生不同重复频率、不同宽度和幅度的脉冲信号。通用脉冲信号发生器的组成框图如图 6-15 所示。通用脉冲信号发生器包括主振级、延迟级、形成级、整形级、输出级等部分。

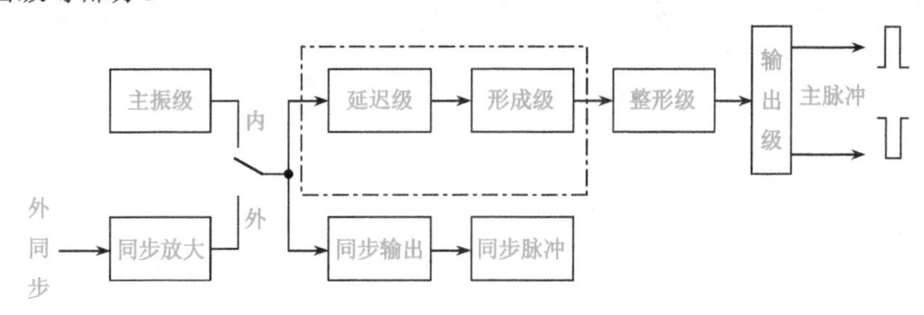

图 6-15　通用脉冲信号发生器的组成框图

六、通用脉冲信号发生器的工作原理

1. 主振级

主振级是脉冲信号发生器的核心，决定输出脉冲的重复频率，要求有良好的调节性能、较高的频率稳定度、宽的频率范围、陡峭的前后沿和足够的幅度。为了达到这些要求，主振级一般由无稳态电路组成（也可以由自激多谐振荡器、晶体振荡器或锁相振荡器等电路组成），产生重复频率可调的周期性信号（产生频率可调的同步脉冲）。

2. 延迟级

延迟级由电流开关组成，它把主振级与下一级隔开，避免下一级对主振级的影响，提高频率稳定度。主振级输出的未经延时的脉冲称为同步脉冲，又称前置脉冲，如图 6-16 所示。

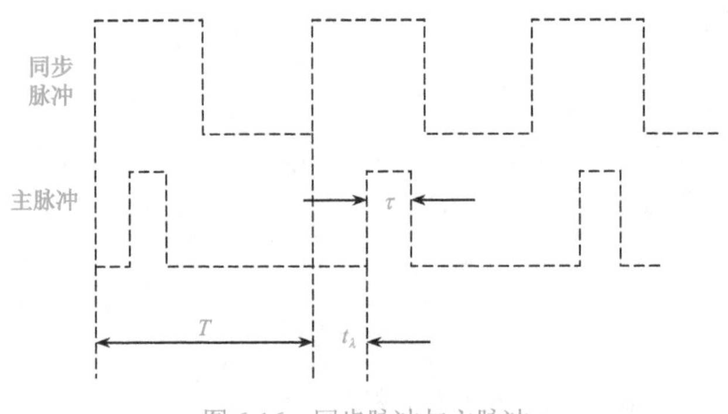

图 6-16 同步脉冲与主脉冲

延迟级作用：产生与同步脉冲有一定延迟量的主脉冲。延迟级电路：由单稳电路和微分电路组成。

3. 形成级

脉宽形成级一般由单稳态触发器和相减电路组成，形成脉冲宽度可调的脉冲信号。

形成级作用：产生宽度准确、波形良好的矩形脉冲。形成级电路：由单稳态触发器等电路组成。

4. 整形级与输出级

放大整形级利用几级电流开关电路对脉冲信号进行限幅放大，以改善波形和满足输出级的激励需要。输出级满足脉冲信号输出幅度的要求，使脉冲信号发生器具有一定带负载能力，通过衰减器使输出的脉冲信号幅度可调。

整形级作用：限幅和电流放大。整形级电路：一般由放大、限幅电路组成。

输出级作用：对输出信号进行功率放大与幅度、极性的调整。输出级电路：包括脉冲放大器、倒相器等。

知识点四 函数信号发生器的简单了解

函数信号发生器又称为信号源或振荡器，在生产实践和科技领域中有着广泛的应用。它能够产生多种波形，如三角波、锯齿波、矩形波（含方波）、正弦波，并且输出的各种波形曲线均可以用函数方程式来表示。

函数信号发生器是一种多波形信号源，它能在很宽的频率范围（从几毫赫兹直至几十兆赫兹）内产生正弦波、方波、三角波、锯齿波和脉冲波，有的还能产生阶梯波、斜波、梯形波等，几乎能产生任何波形；并具有多种功能，如触发、锁相、扫频、调幅、调频等功能。

函数信号发生器应用在生产、测试和仪器维修中，并且用在伺服系统、自动测试系统、音频放大器和滤波器等的实验研究中。

一、函数信号发生器的认知

下面以 AT8602B 函数信号发生器为例进行介绍。这种仪器是一种精密的测量仪器，它可以连续输出正弦波、矩形波和三角波 3 种波形，它的频率和幅度均可连续调节。

1. 函数信号发生器的面板实物图

AT8602B 函数信号发生器的面板实物图如图 6-17 所示。

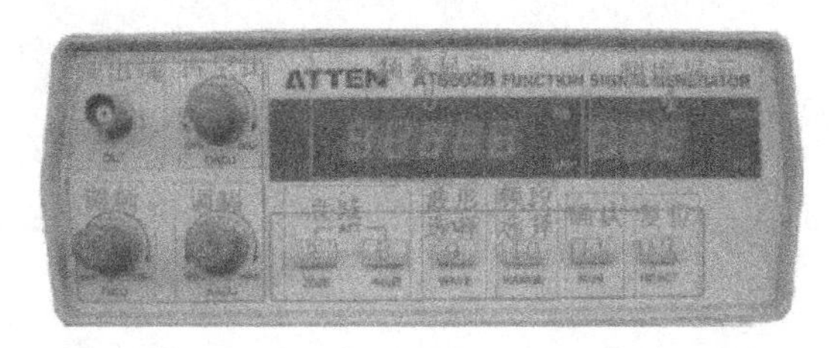

图 6-17　AT8602B 函数信号发生器的面板实物图

2. 函数信号发生器面板上各部分的功能

AT8602B 函数信号发生器面板上各部分的功能如表 6-6 所示。

表 6-6　AT8602B 函数信号发生器面板上各部分的功能

旋钮、按钮、数码显示	名　称	功　能
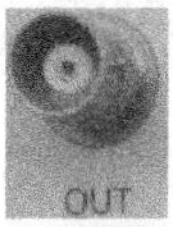 OUT	函数信号的输出端	输出信号的最大幅度为 $20V_{p-p}$（1MΩ 负载）
 MIN MAX DADJ	函数波形占空比调节旋钮	调节范围为 20%～80%
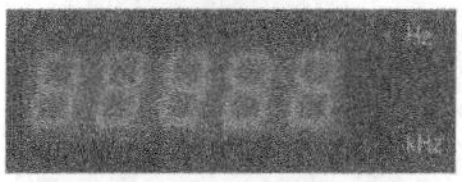 Hz kHz	输出波形频率显示窗口	为 5 位 LED 数码管显示，显示单位为 Hz 或 kHz，分别由两个发光二极管显示
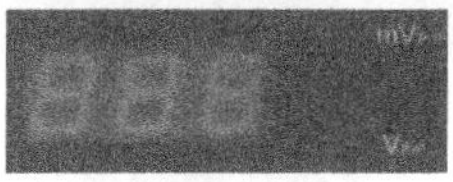 mV V	输出波形幅度显示窗口	为 3 位 LED 数码管显示，显示单位为 V_{p-p} 或 mV_{p-p}，分别由两个发光二极管显示，显示值为空载时信号幅度的电压峰峰值，对于 50Ω 负载，数值应为显示值的 1/2
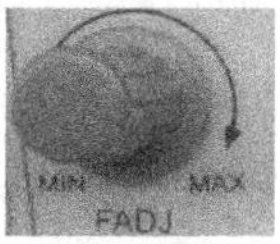 MIN MAX FADJ	输出频率调节旋钮	对每挡频段内的频率进行微调
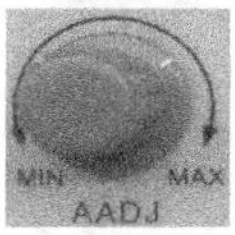 MIN MAX AADJ	输出幅度调节旋钮	调节范围大于 20dB
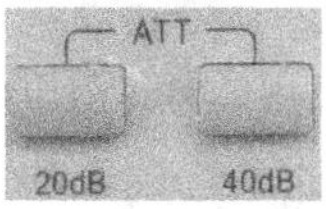 ATT 20dB 40dB	衰减按钮	20dB 的衰减、40dB 的衰减

续表

旋钮、按钮、数码显示	名 称	功 能
WAVE	函数波形选择按钮	按此按钮可由5位LED数码管的最高位数码循环显示波形输出
RANGE	频段挡位选择按钮	按此按钮可由5位LED数码管的最后一位数码循环显示第1～7个频段
RUN	确认按钮	当其他设置完成后按此按钮，本仪器即可开始运行，并出现选择的函数波形
RESET	复位按钮	当仪器出错时，按此按钮可复位重新开始工作

二、函数信号发生器的组成与工作原理

函数信号发生器是一种多波形的信号源。它可以产生正弦波、方波、三角波、锯齿波，甚至任意波形。函数信号发生器还可以利用其本身具有的电压控制振荡频率（VCF）的功能，作为扫描电路使用。一些函数信号发生器还具有调制功能，可以进行调幅、调频、调相、脉宽调制和VCO控制。

1. 函数信号发生器的组成

函数信号发生器的频率很宽，使用范围很广，是一种不可或缺的通用信号源。函数信号发生器的组成如图6-18所示。函数信号发生器由频率控制网络、缓冲器、三角波发生器、电压比较器和正弦波整形电路组成。

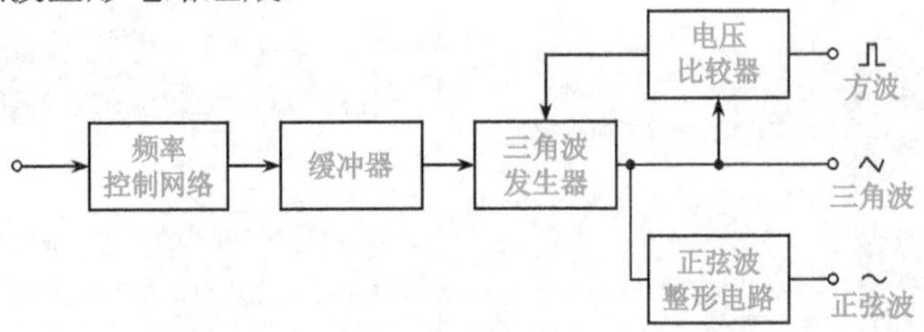

图6-18 函数信号发生器的组成

2. 函数信号发生器的工作原理

函数信号发生器采用不同的振荡方式可供给非常低的频率输出。三角波发生器为其基本振荡电路，可输出一个三角波电压，由电压比较器可输出频率相同的方波，将三角波经由正弦波整形电路即可得到正弦波输出。

3. 函数信号发生器的3种组成方案

第一种是施密特电路产生方波，然后经变换得到三角波和正弦波；第二种是先产生正弦波再得到方波和三角波；第三种是先产生三角波再变换为方波和正弦波。

（1）方波→三角波→正弦波函数信号发生器的组成及工作原理

方波→三角波→正弦波函数信号发生器的组成框图如图6-19所示。此信号发生器无独

立的主振荡器，而是由施密特触发器、积分器和比较器构成自激振荡器，它产生的最基本的波形是方波和三角波。其积分器和比较器构成自激振荡器的电路图如图 6-20 所示。输出方波的波形图如图 6-21 所示。

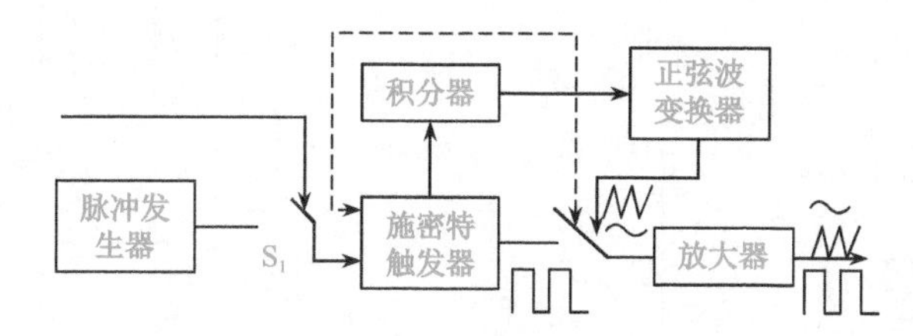

图 6-19　方波→三角波→正弦波函数信号发生器的组成框图

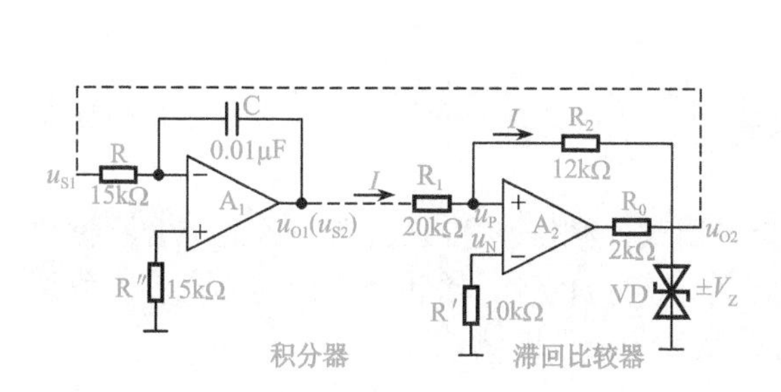

图 6-20　积分器和比较器构成自激振荡器的电路图

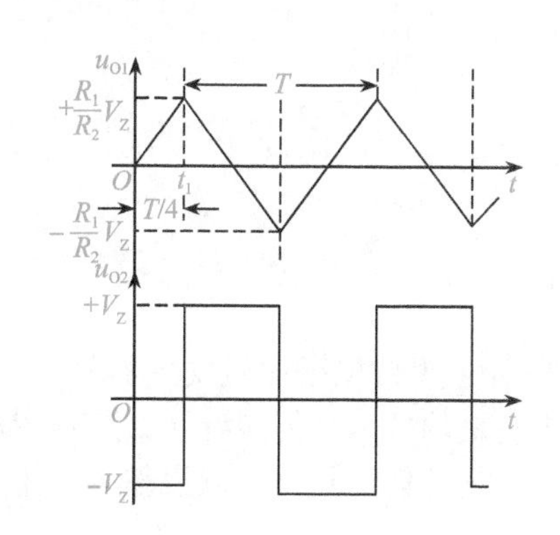

图 6-21　输出方波的波形图

（2）正弦波→方波→三角波函数信号发生器的组成及工作原理

正弦波→方波→三角波函数信号发生器的组成框图如图 6-22 所示。其工作原理是：首先应用高频振荡电路输出高频正弦波，然后经缓冲器隔离后分为两路信号，一路送放大器输出正弦波，另一路作为方波形成器的触发信号，变换得到方波和三角波。方波形成器输出两路信号，一路送放大器输出方波，另一路作为积分器的输入信号，方波经积分器变换为三角波，经放大后输出。3 种波形的输出选择由面板上按钮进行控制。

（3）三角波→方波→正弦波函数信号发生器的组成及工作原理

三角波→方波→正弦波函数信号发生器的组成框图如图 6-23 所示。三角波发生器属于非正弦波发生器，高频振荡电路中的三角波发生器是由滞回比较器和积分器闭环组成的，积分器的输出反馈给滞回比较器，作为滞回比较器的输入电压，具体电路图如图 6-24 所示。三角波发生器输出波形图如图 6-25 所示。

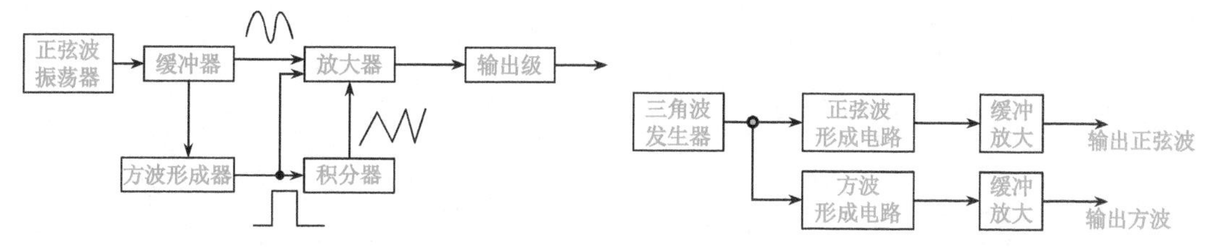

图 6-22　正弦波→方波→三角波函数信号发生器的组成框图

图 6-23　三角波→方波→正弦波函数信号发生器的组成框图

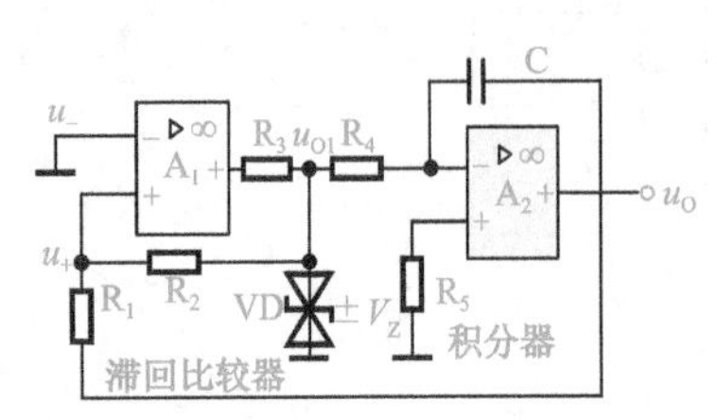

图 6-24 三角波发生器的电路图

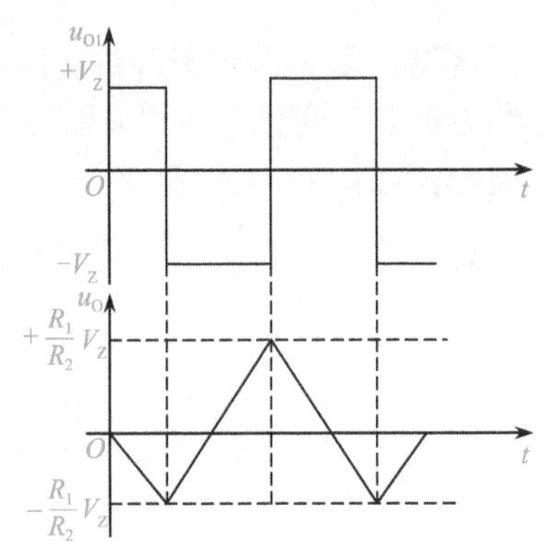

图 6-25 三角波发生器输出波形图

6.3 项目综合训练

技能训练 彩色/黑白电视信号发生器的认知与使用

彩色/黑白电视信号发生器是一种检查、调试、维修彩色/黑白电视机的综合测试仪，对电视机的各种性能指标（如通道灵敏度、自动增益控制、梳状滤波器的分离度、色调失真、光栅几何失真、会聚误差等）都能进行定性和定量的测试。

一、YDC868-2 型彩色/黑白电视信号发生器的认知

YDC868-2 型彩色/黑白电视信号发生器是调试或检修彩色电视机的常用仪器，它可以产生各种不同频率的等幅正弦波信号和调幅波信号、调频信号，作为标准信号源使用。

1. YDC868-2 型彩色/黑白电视信号发生器的面板说明

（1）YCD868-2 型彩色/黑白电视信号发生器的面板实物图和面板示意图如图 6-26 所示。

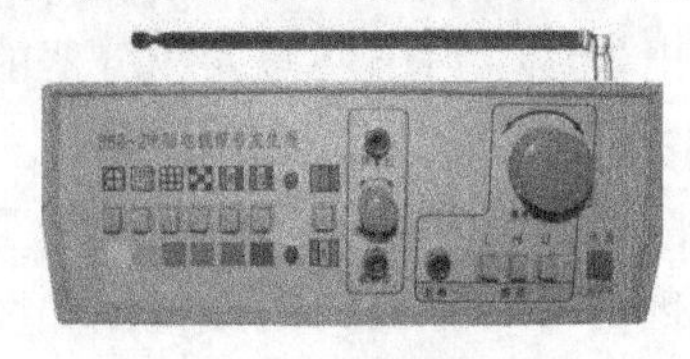

（a）面板实物图

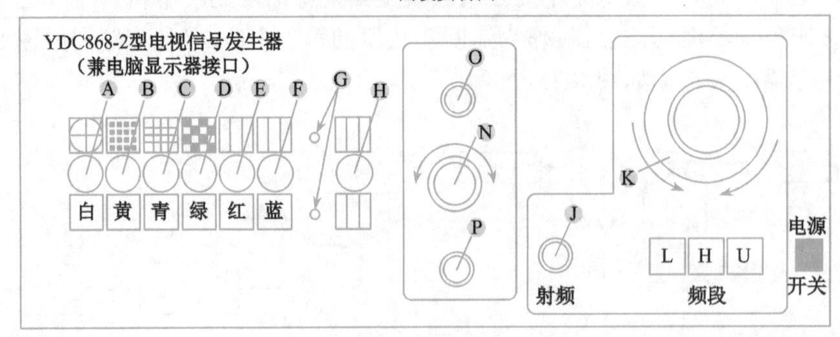

（b）面板示意图

图 6-26 YDC868-2 型彩色/黑白电视信号发生器的面板实物图和面板示意图

（2）YDC868-2 型彩色/黑白电视信号发生器面板上各部分的功能如表 6-7 所示。

表 6-7 YDC868-2 型彩色/黑白电视信号发生器面板上各部分的功能

A、B、C、D、E、F 键为互锁开关键，与 H 键配合使用	
G 为信号指示灯，上指示灯亮显示上边图案，下指示灯亮显示下边图案	
H 键可单独使用，也可与 A～F 互锁开关键配合使用	
L、H、U 为按键开关，“L”1～6、“H”7～12 频道即 V 波段，“U”13～56 频道即 U 波段	
N 为视频信号调整旋钮	
P 为视频信号输出端	O 为 6.5MHz 信号输出端
J 为射频信号输出端	K 为频率调整旋钮

2. YDC868-2 型彩色/黑白电视信号发生器的技术性能和指标

YDC868-2 型彩色/黑白电视信号发生器的技术性能和指标如表 6-8 所示。

表 6-8 YDC868-2 型彩色/黑白电视信号发生器的技术性能和指标

技术性能	指标	技术性能	指标
电视标准	PAL-D 制	伴音输出	6.5MHz
行频	15625Hz±1%	视频输出	≥1$V_{p\text{-}p}$（负极性，75Ω 负载）
场频	50Hz	功耗	＜8W
彩色负载波	4.43361875±20Hz	电源	220V ±10%
图像信号种类	8 级彩条、电子圆、格子、点格、棋盘格、中心十字线、减红（-R）、减绿（-G）、减蓝（-B）、白场、黄场、青场、绿场、品红、红场、蓝场，共计 16 种图案		
调制功能	当有外来的音视频信号时，可在任意频道上调制发射（15m 远），其视频输入幅度为 1Vp-p，音频输入为 600Ω，0dB±3dB（本机配有音视频衰减器）		
射频信号输出	868-1 型为 1～12 频道，868-2 型、868-2B 型为 1～56 频道		

二、YDC868-2 型彩色/黑白电视信号发生器的组成

YDC868-2 型彩色/黑白电视信号发生器的组成框图如图 6-27 所示。

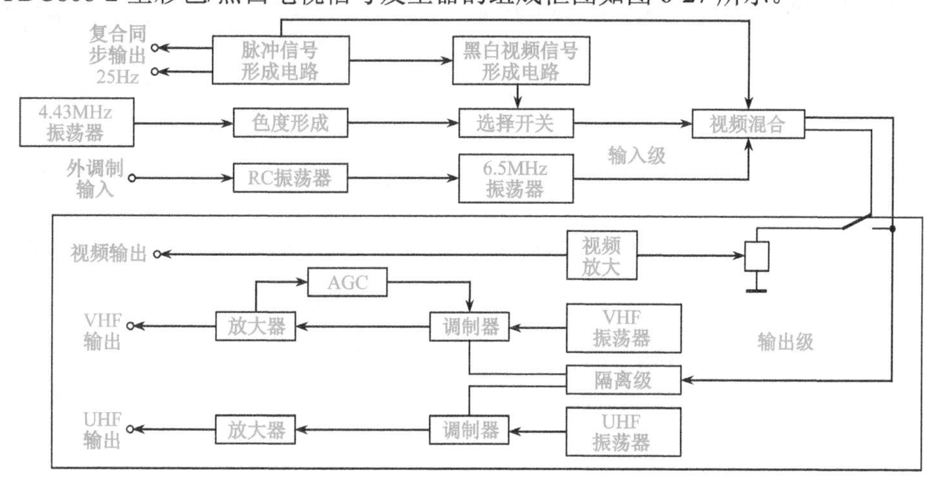

图 6-27 YDC868-2 型彩色/黑白电视信号发生器的组成框图

三、YDC868-2 型彩色/黑白电视信号发生器的使用

1. 技能训练步骤

技能训练步骤如下：熟悉面板各部分的功能；拉出天线，打开电源；选择适当的频道；根据需要选择所需的测试图案；打开电视接收机相应频道，接收信号发生器产生的图案；重新选择频道和图案，进行多次接收。具体如下。

（1）射频输出（高频发射）。将仪器背面的射视频选择开关置于“射频”处，拉出天线，打开电源，选择适当的频道和电视接收机相应频道，根据需要选择所需的测试图案。

（2）视频输出。将仪器背面的射视频选择开关置于“视频”处，打开电源，选择适当的频道和电视接收机相应频道，根据需要选择所需的测试图案，即可从“视频出”孔输出全电视信号。

（3）中频输出。按视频输出操作，即可从“射频出 38MHz”孔输出中频信号。

（4）伴音中频输出。按视频输出操作，即可从“6.5MHz”孔输出伴音中频信号。

将电视信号发生器的射视频选择开关置于“视频”处，用两条视频线分别插接电视信号发生器和电视机的视频、伴音中频输出，打开两机的开关，分别测试 5 个以上测试图案，并观察和记录电视机的图像质量情况。

若电视信号发生器不能满足需求，则可增加匹配器以分配电视信号发生器输出的信号。

2. 基本测试图案的产生和操作过程

本仪器共有 7 个基本测试图案的互锁按键，按下相应按键即可得到 16 种相应的测试图案。产生 16 种图像信号的图案和操作过程如表 6-9 所示。

表 6-9 产生 16 种图像信号的图案和操作过程

图　案	操作过程	图　案	操作过程
100/75 全场彩条	将 A～F 键和 H 键全部弹出，可以产生彩条信号	电子圆	将 H 键弹出，按下 A 键时，将产生如左图所示的图案，即电子圆测试信号
点格	将 H 键弹出，按下 B 键时，将产生如左图所示的图案，即点格测试信号	格子	将 H 键弹出，按下 C 键时，将产生如左图所示的图案，即格子测试信号
棋盘格	将 H 键弹出，按下 D 键时，将产生如左图所示的图案，即棋盘格测试信号	绿 白 蓝 减红	将 H 键弹出，按下 E 键时，将产生如左图所示的图案，即-R 测试信号

续表

图　案	操作过程	图　案	操作过程
红　白　蓝 减绿	将 H 键弹出，按下 F 键时，将产生如左图所示的图案，即-G 测试信号	红　白　绿 减蓝	将 H 键按下，A～F 键全部弹出时，将产生如左图所示的图案，即-B 测试信号
品红	将 H 键按下，同时按下 A 和 D 两键，可以产生品红信号	圆十字 （中心十字线）	将 H 键弹出，同时按下 A 和 D 两键，可以产生中心十字线信号
白　黄　青	将 H 键按下，分别按下 A～C 各键时，将产生相应按键下方的图案，即白、黄、青 3 种测试信号	绿　红　蓝	将 H 号键按下，分别按下 D～F 各键时，将产生相应按键下方的图案，即绿、红、蓝 3 种测试信号

四、技能训练考评表

通过以上的技能训练练习，将技能训练考核内容认真做完，并且将考核评分填写到表 6-10 中。

表 6-10　技能训练考评表

考核项目	序　号	考核要求	配　分	评分标准	考核记录	得　分
项目基本知识	1	写出信号发生器的分类与性能指标等	10	酌情扣分		
	2	写出锁相信号发生器及合成信号发生器的工作原理	10	酌情扣分		
	3	写出函数信号发生器的工作原理	10	酌情扣分		
	4	写出信号发生器主振荡器（振荡电路）的复杂性	10	酌情扣分		
项目基本技能	5	熟悉低频信号发生器各旋钮及按键的功能和操作	10	不熟悉各旋钮及按键的功能每个扣 2 分，不熟悉各旋钮及按键的操作每个扣 2 分		
	6	被测信号的输入正确	5	被测信号的输入不正确扣 5 分		

续表

考核项目	序号	考核要求	配分	评分标准	考核记录	得分
项目基本技能	7	测量线路的正确连接	10	测量线路连接不正确每处扣2分		
	8	仪器的正确操作	10	不能正确操作仪器每步扣2分		
	9	准确记录测量数据于实训报告中	5	错误记录测量数据于实训报告中扣5分		
	10	写出各种信号发生器的名称和作用	5	写错一处扣0.5分		
安全文明	11	安全操作	10	测量完毕不关所用仪器扣10分		
	12	清理现场	5	不按要求清理现场扣5分		
备注：					总分：	

项目评估检查

一、填空题

1．低频信号发生器一般指__________频段、输出波形以__________为主或兼有__________及其他__________的发生器。

2．一些老式的低频信号发生器的工作频率范围仅为__________kHz，也称为音频信号发生器。

3．高频信号发生器按产生__________的方法不同可分为__________、__________、__________。

4．RC文氏桥式振荡器的优点：__________，__________，__________方便，__________范围宽。

5．差频式振荡器的优点：在__________的情况下得到__________覆盖范围。

二、简答题

6．根据输出信号波形种类的不同，信号发生器分为哪几类？

7．信号发生器的性能指标有哪些？其含义是什么？

8．低频信号发生器一般包括哪几部分？各部分的作用是什么？其主振荡器常采用什么电路？

9．文氏桥式振荡器中常采用热敏电阻组成负反馈支路来稳定振幅，试简述其基本工作原理。

10．试画出进行低频放大器的电压放大倍数测量的测量方框图。

11．函数信号发生器能输出哪几种波形的信号？其一般有哪几种组成方案？

12．简述脉冲信号发生器的基本组成及各部分的主要功能。

三、操作题

13．在图 6-28 中空白方框中填写仪器和仪表的名称。

14．简述图 6-29 所示测量图能够用作什么测量。

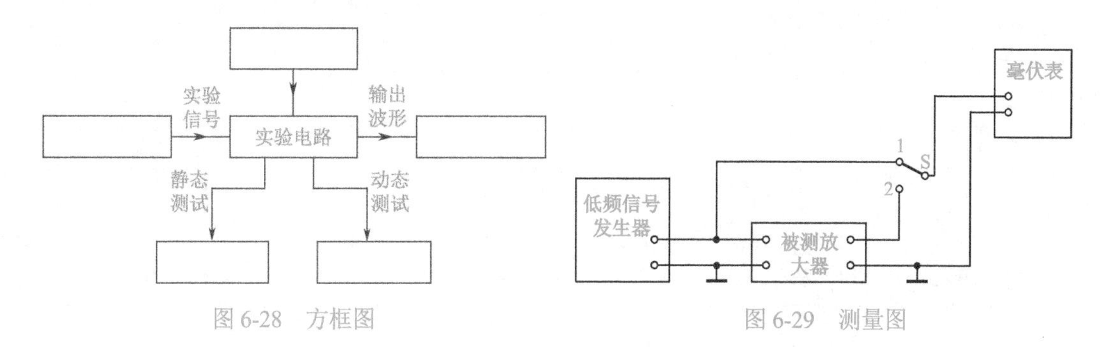

图 6-28　方框图　　图 6-29　测量图

15．YDC868-2 全频道电脑存储型彩色/黑白电视信号发生器测试实训要求如下。

（1）基本测试图案的测试。此仪器共有 7 个基本测试图案的互锁按键，按下相应按键即可得到 16 种相应的测试图案。

（2）射频输出（高频发射）测试。将仪器背面的射视频选择开关置于“射频”处，拉出天线，打开电源，选择适当的频道和电视接收机相应频道，根据需要选择所需的测试图案。

（3）视频输出测试。将仪器背面的射视频选择开关置于“视频”处，打开电源，选择适当的频道和电视接收机相应频道，根据需要选择所需的测试图案，即可从“视频出”孔输出全电视信号。

（4）中频输出测试。按视频输出操作，即可从“射频出 38MHz”孔输出中频信号。

（5）伴音中频输出测试。按视频输出操作，即可从“6.5MHz”孔输出伴音中频信号。

完成以上测试，并将数据记录到表 6-11 中。

表 6-11　测试数据记录表

<table>
<tr><td>班级</td><td></td><td>姓名（学号）</td><td></td><td>日期</td><td></td><td>得分</td><td></td></tr>
<tr><td colspan="4">电视信号发生器的型号：</td><td colspan="4">电视机的型号（或牌号）：</td></tr>
<tr><td rowspan="7">射频、视频、中频、伴音中频输出测试</td><td colspan="2">测试图形</td><td colspan="2">图像质量</td><td colspan="3">伴音质量</td></tr>
<tr><td colspan="2"></td><td colspan="2"></td><td colspan="3"></td></tr>
<tr><td colspan="2"></td><td colspan="2"></td><td colspan="3"></td></tr>
<tr><td colspan="2"></td><td colspan="2"></td><td colspan="3"></td></tr>
<tr><td colspan="2"></td><td colspan="2"></td><td colspan="3"></td></tr>
<tr><td colspan="2"></td><td colspan="2"></td><td colspan="3"></td></tr>
<tr><td colspan="2"></td><td colspan="2"></td><td colspan="3"></td></tr>
</table>

续表

班级		姓名（学号）		日期		得分	
射频、视频、中频、伴音中频输出测试	测试图形		图像质量		伴音质量		
简述电视信号发生器的使用方法：							

项目总结

信号发生器用途十分广泛。通过对本项目的学习，我们可以了解信号发生器的分类、组成、工作原理、使用方法等。

项目七

示波器的测量与使用

项目情境创设

电子示波器是一种观察并测量电信号波形的仪器，可直接测量信号的幅度参数、频率参数和相位参数，还可以测量脉冲信号参数。示波器是时域分析的典型仪器，广泛应用于电子工业、IT 产业、国防工业、医疗科学、生物科学、地质和海洋科学等领域，如图 7-1 所示。

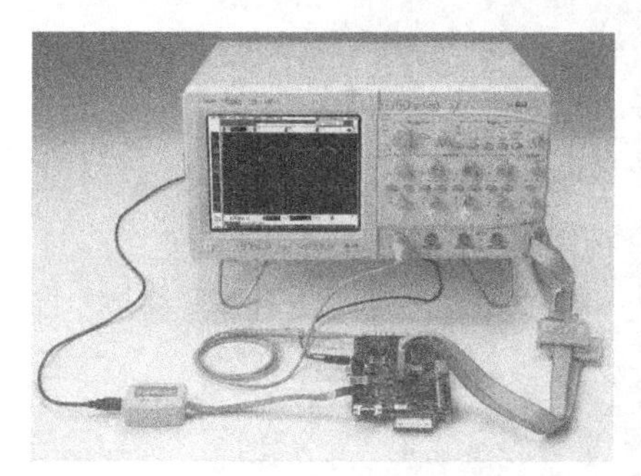

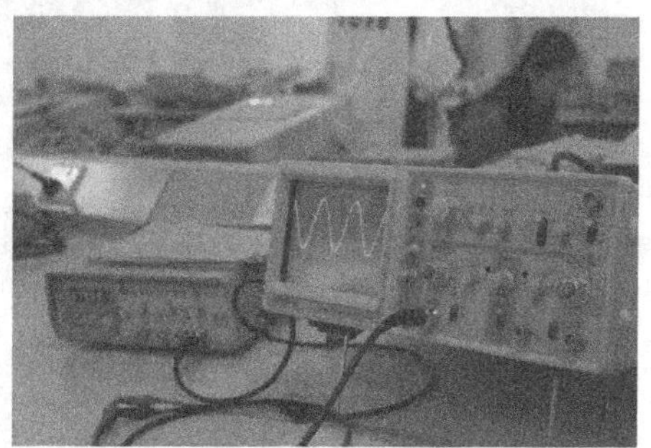

图 7-1　电子示波器的应用

项目学习目标

学习目标		学习方式	学时
技能目标	① 熟悉示波器的面板 ② 熟练使用示波器 ③ 掌握示波器的使用注意事项	理论讲授、实训操作	4
知识目标	① 认识示波器 ② 理解示波器的组成与工作原理 ③ 了解示波器的主要性能指标	理论讲授、实训操作	2
情感目标	通过网络搜索查询认识各种示波器，了解示波器的使用方法，提高同学们对示波器使用重要意义的认识；通过小组讨论，培养获取信息的能力；通过相互协作，提高团队意识	网络查询、小组讨论、相互协作	课余时间

项目基本功

7.1 项目基本技能

技能一 模拟示波器的认知与使用

一、YB4320B 型双踪示波器的认知

1. YB4320B 型双踪示波器的实物图和面板实物图

YB4320B 型双踪示波器的实物图和面板实物图如图 7-2 所示。

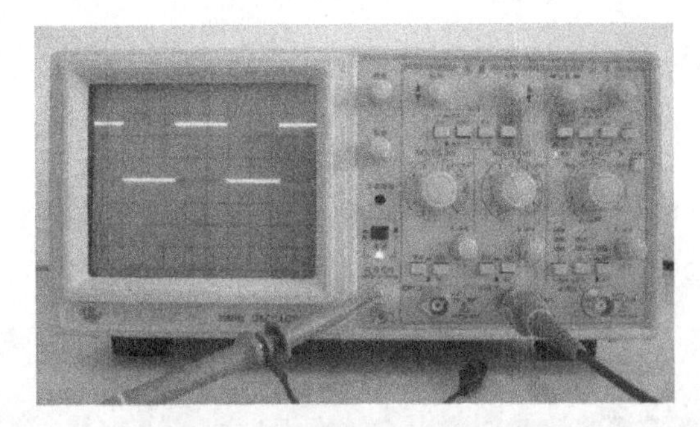

（a）示波器实物图

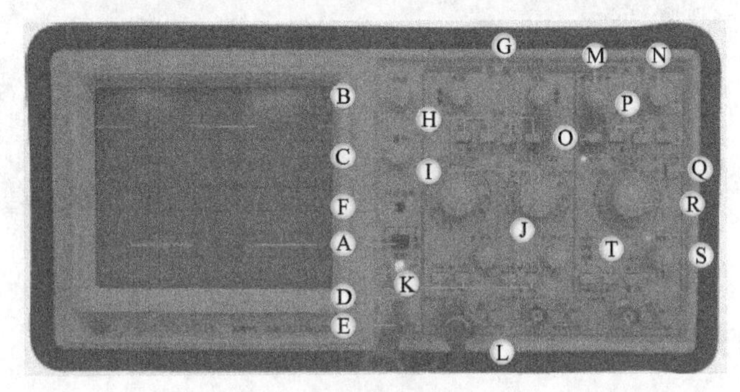

（b）面板实物图

图 7-2 YB4320B 型双踪示波器的实物图和面板实物图

2. YB4320B 型双踪示波器面板上各部分的功能

YB4320B 型双踪示波器面板上各部分的功能如表 7-1 所示。

表 7-1 YB4320B 型双踪示波器面板上各部分的功能

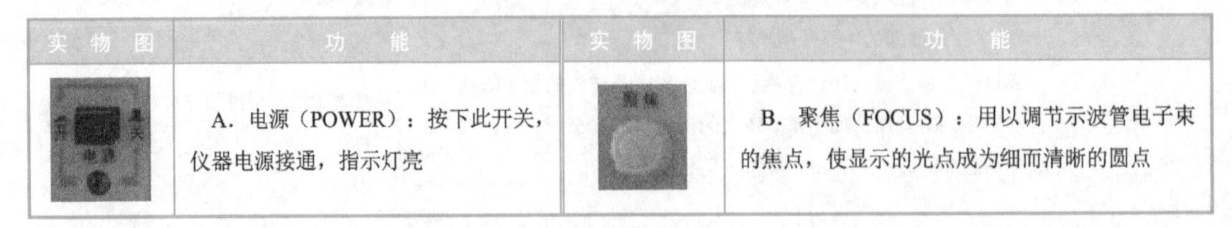

实物图	功能	实物图	功能
	A. 电源（POWER）：按下此开关，仪器电源接通，指示灯亮		B. 聚焦（FOCUS）：用以调节示波管电子束的焦点，使显示的光点成为细而清晰的圆点

续表

实物图	功能	实物图	功能
	C．亮度（INTENSITY）：光迹亮度调节，顺时针旋转光迹增亮		D．校准信号：此端口输出幅度为 0.5V、频率为 1kHz 的方波信号
	E．⊥：机壳接地端		F．光迹旋转（TRACE ROTATION）：调节光迹与水平线平行
	G．垂直位移（POSITION）：用以调节光迹在垂直方向的位置		
	H．垂直方式（MODE）：选择垂直系统的工作方式 CH1：只显示 CH1 通道的信号 CH2：只显示 CH2 通道的信号 交替：用于同时观察两路信号，此时两路信号交替显示，该方式适合在扫描速率较快时使用 断续：两路信号断续工作，适合在扫描速率较慢时同时观察两路信号 叠加：用于显示两路信号相加的结果，当 CH2 极性开关被按下时，则两路信号相减 CH2 反相：按下此键，CH2 的信号被反相		
	I．灵敏度选择（VOLTS/DIV）：选择垂直轴的偏转系数，从 2mV/div 至 10V/div 可分 12 个挡级调整，可根据被测信号的电压幅度选择合适的挡级		J．微调（VARIABLE）：用于连续调节垂直轴的偏转系数，调节范围大于等于 2.5 倍，逆时针旋足时为校准位置，此时可根据灵敏度选择开关位置和屏幕显示幅度读取该信号的电压值
	K．输入耦合方式（AC DC GND）：垂直通道的输入耦合方式选择 AC：信号中的直流分量被隔开，用以观察信号的交流成分 DC：信号与仪器通道直接耦合，当需要观察信号的直流分量或被测信号的频率较低时应选用此方式 GND：输入端处于接地状态，用以确定输入端为零电位时光迹位置		L．通道 1 输入插座 CH1（X）\通道 2 输入插座 CH2（Y）：双功能端口。在常规使用时，CH1（X）端口作为垂直通道 1 的输入口；当仪器工作在 X-Y 方式时，此端口作为水平轴信号输入口。CH2（Y）端口作为垂直通道 2 的输入口；当仪器工作在 X-Y 方式时，此端口作为垂直轴信号输入口
	M．水平位移（POSITION）：用以调节光迹在水平方向的位置		P．扫描方式（SWEEP MODE）：选择产生扫描的方式，分为以下几种 自动（AUTO）：当无触发信号输入时，屏幕上显示扫描光迹，一旦有触发信号输入，电路自动转换为触发扫描状态，调节电平可使波形稳定地显示在屏幕上，此方式适合观察频率在 50Hz 以上的信号 常态（NORM）：无信号输入时，屏幕上无光迹显示，有信号输入时，且触发电平旋钮在合适位置上，电路被触发扫描，当被测信号频率低于 50Hz 时，必须选择该方式
	N．触发电平（TRIGLEVEL）：用以调节被测信号在变化至某一电平时触发扫描。触发极性是指触发点位于触发源信号的上升沿还是下降沿。触发点位于触发源信号的上升沿为正极性；触发点位于触发源信号的下降沿为负极性		

续表

实物图	功能	实物图	功能
	O．触发极性（SLOPE）：用以选择被测信号在上升沿或下降沿触发扫描。触发电平是指触发脉冲到来时所对应的触发放大器输出电压的瞬时值		锁定：仪器工作在锁定状态后，无须调节电平即可使波形稳定地显示在屏幕上 单次：用于产生单次扫描，进入单次状态后，按动复位键，电路工作在单次扫描方式，扫描电路处于等待状态，当触发信号输入时，扫描只产生一次，下次扫描需再次按动复位键
	Q．×5 扩展：按入后扫描速率扩展 5 倍		
	R．扫描速率选择（SEC/DIV）：根据被测信号的频率高低，选择合适的挡级。当扫描微调旋钮置校准位置时，可根据此开关位置和波形在水平轴上的距离读出被测信号的时间参数		T．触发源：用于选择不同的触发源 第一组 CH1：双踪显示时，触发信号来自 CH1 通道；单踪显示时，触发信号则来自被显示的通道 CH2：双踪显示时，触发信号来自 CH2 通道；单踪显示时，触发信号则来自被显示的通道 交替：双踪交替显示时，触发信号交替来自两个 Y 通道，此方式用于同时观察两路不相关的信号 外接：触发信号来自外接输入端口 第二组 常态：用于一般常规信号的测量 TV-V：用于观察电视场信号 TV-H：用于观察电视行信号 电源：用于与市电信号同步的测量
	S．微调：用于连续调节扫描速率，调节范围大于等于 2.5 倍，逆时针旋足时为校准位置		
	U．带熔丝电源插座：仪器电源进线端口（在仪器背后面）		
	V．Z 轴输入：亮度调制信号输入端口（在仪器背后面）		
——	W．电源输入变换开关用于 AC220V 或 AC110V 电源转换，使用前先根据市电电源选择位置（有些产品可能无此开关）		X．触发输出（TRIGGER SIGNAL OUTPUT）：随触发选择输出约 100mV/div 的 CH1 或 CH2 通道输出信号，方便于外加频率计等（在仪器背后面）

二、YB4320B 型双踪示波器使用前的准备

1．电源和扫描

（1）确认所用市电电压为 198～242V，确保所用熔丝（在仪器背后面）为指定的型号。

（2）断开电源开关，把电源开关弹出即为“关”位置，将电源线接入。

（3）将各个控制件设定在下列相应位置。亮度：顺时针方向旋转到底。聚焦：中间。垂直位移：中间。×5 扩展：弹出。垂直方式：CH1。触发方式：自动。触发源：内。触发电平：中间。扫描速率选择：0.5μs/div。水平位置：X1（×5MAG）（×10MAG）均弹出。

（4）接通电源开关，大约 15s 后，出现扫描光迹。

2. 聚焦

（1）调节 YB4320 型双踪示波器垂直位移旋钮，使光迹移至屏幕观测区域的中央。

（2）调节亮度旋钮，将光迹的亮度调至所需要的程度。

（3）调节聚焦旋钮，使光迹清晰。

3. 加入触发信号

（1）将下列控制件置于相应的位置。垂直方式：CH1。输入耦合方式（CH1）：DC。灵敏度选择（CH1）：5mV/div。微调（CH1）：校准。触发耦合方式：AC。触发源：CH1。

（2）用探头将校正信号源送到 CH1 输入端。

（3）将探头的衰减比置×10 挡位置，调节触发电平旋钮使仪器触发。

（4）将触发电平旋钮调离“自动”位置，并向逆时针方向转动直至方波波形稳定，再微调聚焦和辅助聚焦旋钮使波形更清晰，并将波形移至屏幕中间。此时，方波在 Y 轴占 5 格，在 X 轴占 10 格，否则需校准。

三、YB4320 型双踪示波器的使用注意事项

1. 使用前及使用中的检查

使用前注意先检查电源输入变换开关是否与市电电源相符合。工作环境和电源电压应满足性能指标中给定的要求。初次使用仪器或久藏后使用，建议先放置在通风干燥处几小时，通电 1～2h 后再使用。使用时不要将仪器的散热孔堵塞，长时间连续使用时要注意仪器的通风情况是否良好，防止机内温度升高而影响仪器的使用寿命。

2. 仪器工作状态的检查。

初次使用仪器时可按下述方法检查工作状态是否正常。

（1）主机的检查：将各有关控制件置于表 7-2 所示的位置。

表 7-2　调节有关控制件

控制件名称	位　置	控制件名称	位　置
亮度	居中	输入耦合方式	DC
聚焦	居中	扫描方式	自动
位移（3 个）	居中	触发极性	
垂直方式	CH1	扫描速率选择	0.5ms/div
灵敏度选择	0.1V/div	触发源	CH1
微调（3 个）	逆时针旋转	触发耦合方式	AC 常态

（2）接通电源，电源指示灯亮。稍等预热，屏幕上出现光迹，分别调节亮度和聚焦旋钮，使光迹的亮度适中、清晰。通过连接电缆将仪器探头校准信号输入至 CH1 通道，调节触发电平旋钮使波形稳定，分别调节 Y 轴和 X 轴的位移，使波形与图 7-3（a）相吻合，用同样的方法检查 CH2 通道。

（3）探头的检查：探头分别接入两个 Y 轴输入接口，将灵敏度选择开关调至 10mV/div，将探头的衰减比置×10 挡，屏幕上应同样显示如图 7-3（a）所示的波形，若波形有过冲或

下塌现象[如图 7-3（b）、（c）所示]，则可用高频旋具调节探头补偿元件，使波形最佳。

完成以上工作，证明仪器工作状态基本正常，便可以进行测试。

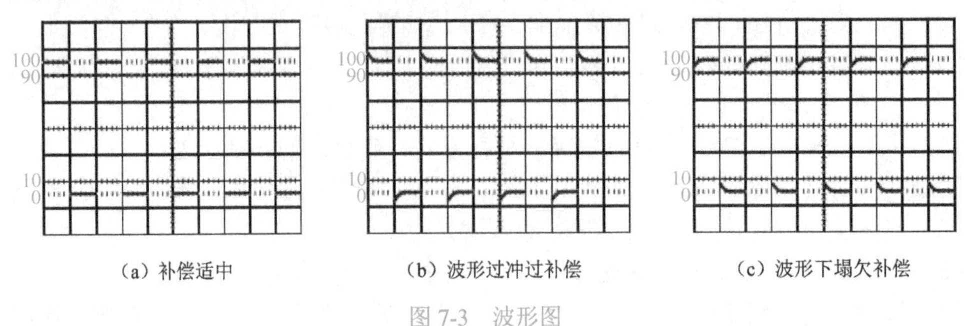

（a）补偿适中　（b）波形过冲过补偿　（c）波形下塌欠补偿

图 7-3　波形图

技能二　数字示波器的认知与使用

一、DS-5000 系列数字示波器的面板说明

DS-5000 系列数字示波器有两个信号输入通道，即 CH1 和 CH2，还有一个外触发通道 EXT TRIC。DS-5062C 型数字示波器如图 7-4 所示。

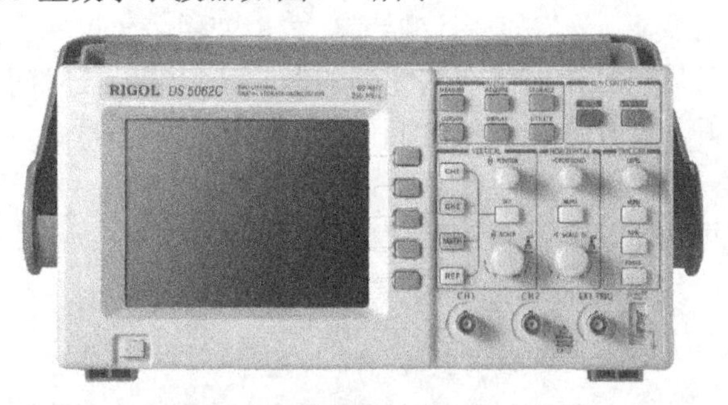

图 7-4　DS-5062C 型数字示波器

1．垂直系统

（1）使用垂直 POSITION 旋钮使得波形上下位置在屏幕上居中显示。垂直 POSITION 旋钮控制信号的垂直显示位置。当转动垂直 POSITION 旋钮时，指示通道地（GROUND）的标识跟随波形而上下移动。

（2）调节垂直 SCALE 旋钮，改变垂直设置。转动垂直 SCALE 旋钮，改变 Volts/div（伏/格）垂直挡位，屏幕下方的状态信息栏发生了改变，如由 2mV/div 变为 5mV/div 等，同时，屏幕上显示的波形上下也发生了变化。

2．水平系统

（1）使用水平 POSITION 旋钮使得波形左右位置在屏幕上居中显示。

（2）调节水平 SCALE 旋钮，改变波形周期个数。转动水平 SCALE 旋钮，改变 s/div（秒/格）水平挡位，屏幕下方的状态信息栏发生了改变，如由 10μs/div 变为 10ns/div 等，同时，屏幕上显示的波形的周期个数也发生了变化。一般显示 3～5 个周期比较合适。

3．触发系统

触发系统由 1 个旋钮 LEVEL 和 3 个按钮 MENU、50%、FORCE 组成。转动 LEVEL

旋钮，可以改变触发电平设置。按下 MENU 按钮，可以调出触发菜单以改变触发设置等。

4. 波形信号的自动设置

DS-5000 系列数字示波器具有自动设置的功能。根据输入的信号，可以自动调整电压倍率、时基及触发方式，使之以最好的形态显示。

使用自动设置显示波形的操作步骤如下。

（1）打开电源。

（2）将被测信号连接到信号输入通道 CH1 或 CH2。

（3）按下 AUTO 按钮，示波器将自动设置垂直、水平和触发控制。若需要，则可以手工调整这些控制使波形显示达到最佳。

二、DS-5000 系列数字示波器的简单信号测量

1. 快速显示信号

操作步骤如下。

（1）将探头菜单衰减系数设定为 10×，并将探头上的开关设定为 10×。

（2）将 CH1 通道的探头连接到电路被测点。

（3）按下 AUTO 按钮，示波器将自动设置使波形显示达到最佳。在此基础上，可以进一步调节垂直、水平挡位，直至波形的显示符合您的要求。

2. 测量矩形波

观测 DVD 机中的视频电路，如果需要在视频场上触发，那么请按如下步骤操作。

（1）按下触发控制区域的 MENU 按钮以显示触发菜单。

（2）按下 1 号菜单操作键选择视频触发 。

（3）按下 2 号菜单操作键设置信源选择为 CH1。

（4）按下 3 号菜单操作键选择视频极性为下降沿。

（5）按下 4 号菜单操作键选择同步为奇数场或偶数场 。

（6）调整 LEVEL 旋钮以得到良好的触发状态。

（7）应用水平控制区域的水平 SCALE 旋钮调整水平时基，以得到清晰的波形显示，如图 7-5 所示。

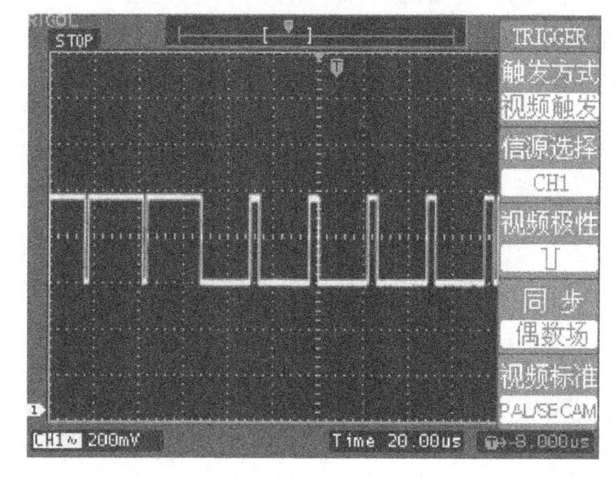

图 7-5　观测 DVD 机中的视频电路

三、DS-5000 系列数字示波器的自动测量

DS-5000 系列数字示波器可对大多数显示信号进行自动测量。欲测量信号峰峰值和频率，请按如下步骤操作。

1. 测量峰峰值

按下 MEASURE 按钮以显示自动测量菜单，按下 1 号菜单操作键以选择信源 CH1，按下 2 号菜单操作键选择测量类型电压测量，按下 2 号菜单操作键选择测量参数峰峰值。此时，屏幕左下角会显示峰峰值。

2. 测量频率

按下 3 号菜单操作键选择测量类型时间测量，按下 2 号菜单操作键选择测量参数频率。此时，屏幕下会显示频率的测量值。

注意：测量结果在屏幕上的显示会因为被测信号的变化而改变。

7.2 项目基本知识

知识点一　示波器的基础知识

一、示波器的种类

根据目前示波器的发展现状，示波器可分为以下九大类。

（1）模拟示波器：简易示波器、示教示波器、高灵敏度示波器、慢扫描（超低频）示波器、多线示波器及多踪示波器等。

（2）取样示波器：高阻取样示波器、低阻取样示波器及时域反射仪等。

（3）存储示波器：记忆示波器及数字存储示波器等。

（4）数字智能化示波器：数字读出示波器、数字处理示波器及智能化示波器等。

（5）电视示波器：矢量示波器、波形监视器及选行示波器。

（6）逻辑示波器及逻辑分析仪等。

（7）XY 示波器及立体场示波器等。

（8）显示器：CRT 终端及监视示波器等。

（9）特点示波器：高压示波器、行波示波器及雷达示波器等。

二、示波器的特点

示波器的基本特点如下。

（1）能显示信号波形，可测量瞬时值，具有直观性。

（2）输入阻抗高，对被测信号影响小。

（3）测量灵敏度高，并有较强的过载能力。

（4）工作频带宽，速度快，便于观察高速变化的波形的细节。

（5）在示波器的屏幕上可描绘出任意两个电压或电流量的函数关系，故可作为比较信号用的高速 X-Y 记录仪。

三、示波器的主要性能指标

1. 频带宽度（频域响应）

示波器的频域响应也称为频带宽度，指示波器垂直偏转通道（Y 轴方向）对正弦波的幅频响应下降到中心频率时的频率响应。当示波器输入不同频率的等幅正弦信号时，屏幕上对应于基准频率的显示幅度随频率下跌 3dB 时的上限频率 f_H 与下限频率 f_L 之间的宽度为频带宽度，即 $B_W=f_H-f_L\approx f_H$。

2. 触发灵敏度

时基发生器触发所需的最小触发信号幅度称为触发灵敏度。要求在此幅度下，触发信号频率改变时都能得到稳定的显示。

3. 垂直偏转因数

垂直偏转因数反映示波器观察微弱信号的能力，指信号反馈至 Y 轴输入端，在无衰减情况下，光点在屏幕上 Y 轴方向偏转单位长度所需电压的峰峰值，单位为 V_{p-p}/div 或 V_{p-p}/cm。

4. 扫描时间因数

扫描时间因数是用来定量描述时间基线的线性刻度，表征示波器在水平方向展开的能力。它表示沿 X 轴方向移动单位长度所需的时间，单位为 *t*/div 或 *t*/cm，*t* 可取 μs、ms 或 s。

5. 瞬态响应（时域响应）

瞬态响应表示 Y 通道放大电路在匹配情况下对方波脉冲输入的瞬态响应，其主要参数包括上冲 S_b、阻尼振荡 S_c、预冲 S_d、下垂 S_e、过冲 S_f、上升时间 t_r、下降时间 t_f 等。

6. 扫描方式

扫描方式分为连续扫描、触发扫描及双时基扫描。

7. 输入阻抗

输入阻抗一般等效为电容和电阻并联。

知识点二　YB4320B 型双踪示波器的组成及工作原理

一、YB4320B 型双踪示波器的组成

YB4320B 型双踪示波器主要由示波管、X 轴与 Y 轴衰减器和放大器、锯齿波发生器、整步电路、电源等几部分组成，其组成框图如图 7-6 所示。

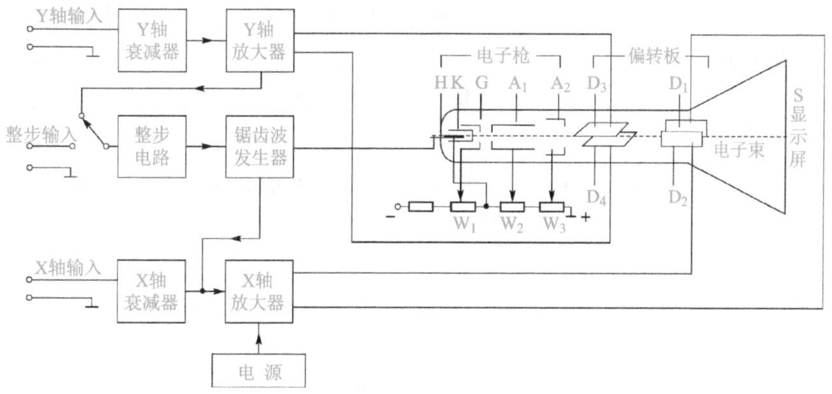

图 7-6　YB4320B 型双踪示波器的组成框图

二、YB4320B 型双踪示波器示波管的结构

示波管由电子枪、偏转板、显示屏三大部分及公共控制部分组成。

1. 电子枪

电子枪由灯丝 H、阴极 K、控制栅极 G、第一阳极 A_1、第二阳极 A_2 组成。灯丝通电发热，使阴极受热后发射大量电子，并经栅极孔射出，这束发散的电子经圆筒状的第一阳极 A_1 和第二阳极 A_2 所产生的电场加速后会聚于荧光屏上一点，称为聚焦。

2. 偏转板

水平（X 轴）偏转板由 D_1、D_2 组成，垂直（Y 轴）偏转板由 D_3、D_4 组成。偏转板加上电压后可改变电子束的运动方向，从而可改变电子束在荧光屏上产生的光点的位置。电子束偏转的距离与偏转板两极板间的电势差成正比。

3. 显示屏

示波器底部玻璃内涂上一层荧光物质，高速电子打在显示屏上面就会显示荧光，单位时间打在上面的电子越多，电子的速度越大，光点的辉度就越大。荧光屏上的发光持续的一段时间称为余辉时间。按余辉时间的长短，示波器分为长、中、短余辉 3 种。

三、YB4320B 型双踪示波器控制示波电路的工作原理

在面板上的旋钮主要控制亮度、聚焦、水平位移、垂直位移等功能。

1. X 轴与 Y 轴衰减器和放大器

示波管偏转板的灵敏度较低（约为 0.1～1mm/V），当输入信号电压不大时，荧光屏上的光点偏移很小而无法观测。因而要对信号电压放大后再加到偏转板上，为此在示波器中设置了 X 轴与 Y 轴放大器。当输入信号电压很大时，放大器无法正常工作，使输入信号发生畸变，甚至使仪器损坏，因此在放大器前级设置有衰减器。X 轴与 Y 轴衰减器和放大器配合使用，从而满足对各种信号观测的要求。

2. 锯齿波发生器

锯齿波发生器能在示波器仪器内产生一种随时间变化类似于锯齿状、频率调节范围很宽的电压波形，称为锯齿波，作为 X 轴偏转板的扫描电压。锯齿波频率的调节可由示波器面板上的旋钮控制。锯齿波电压较低，必须经 X 轴放大器放大后，再加到 X 轴偏转板上，使电子束产生水平扫描，即将荧光屏上的水平坐标变成时间坐标，来展开 Y 轴输入的待测信号。

如图 7-7（a）所示，Y 轴不加电压，X 轴加上由仪器产生的锯齿波电压 u_X，u_X=0 时，电子在 E 的作用下偏至 a 点，随着 u_x 线性增大，电子向 b 偏转，经周期时间 T_X，u_X 达到最大值 u_{XM}，电子偏至 b 点。下一个周期，电子将重复上述扫描，就会在荧光屏上形成水平扫描线 ab。

如图 7-7（b）所示，Y 轴加上正弦信号 u_Y，X 轴不加锯齿波信号，则电子束产生的光点只作上下方向上的振动，电压频率较高时则形成一条竖直的亮线 cd。

如图 7-8 所示，Y 轴加上正弦电压 u_Y，X 轴加上锯齿波电压 u_X，且 $f_X = f_Y$，这时光点的运动轨迹是 X 轴和 Y 轴运动的合成，最终在荧光屏上显示一个完整周期的 u_Y 波形。

3. 整步（同步）

从上述分析中可知，要在荧光屏上呈现稳定的电压波形，待测信号的频率 f_Y 必须与扫

描信号频率 f_X 相等或是其整数倍（即 $f_Y=nf_X$ 或 $T_X=nT_Y$），只有满足这样的条件时，扫描轨迹才是重合的，故形成稳定的波形。

通过调节示波器上的相应旋钮和开关，可以改变扫描频率 f_X，使 $f_Y=nf_X$ 条件得到满足。但由于 f_X 受到电路噪声的干扰而不稳定，$f_Y=nf_X$ 的关系常被破坏，这就要用整步（或称同步）的办法来解决。也就是，从外面引入一个频率稳定的信号（外整步）或把待测信号（内整步）加到锯齿波发生器上，使其受到自动控制来保持 $f_Y=nf_X$ 的关系，从而使荧光屏上获得稳定的待测信号波形，如图 7-8 所示。

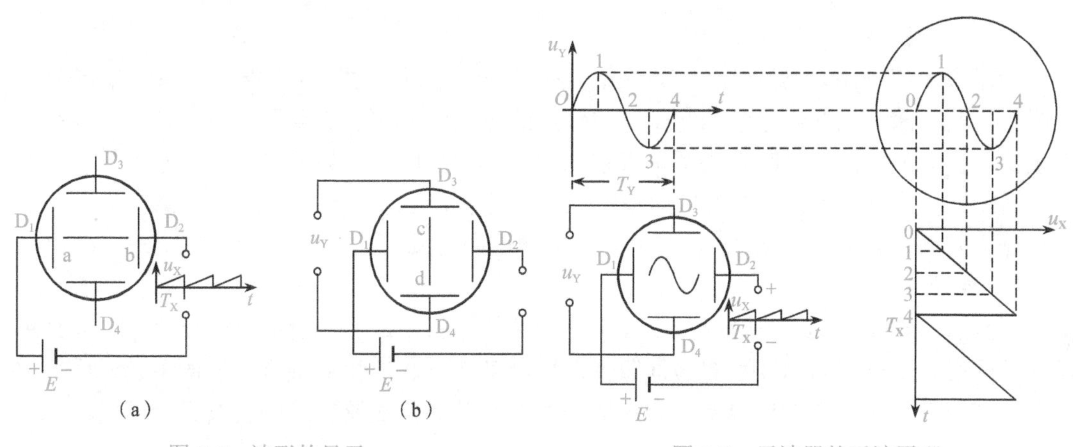

图 7-7　波形的显示　　图 7-8　示波器的示波原理

四、YB4320B 型双踪示波器垂直系统的工作原理

垂直系统又称垂直通路或 Y 通道，它是被测信号的通道。其主要作用是将输入的各种不同频率和幅度的被测信号电压加以放大，然后送到示波管的 Y 轴偏转板，使电子束在垂直方向发生偏移，从而在荧光屏上产生上下移动的光点。为了与 X 轴扫描信号配合，在荧光屏上显示 Y 轴输入的被测信号的波形，要将被测信号进行一定的延迟。

同时为了保证示波器工作在同步状态，还要为水平系统的扫描电路提供内触发信号（同步信号）。

1. 探头

探头用于探测被测信号，提高示波器的输入阻抗，减小波形失真，展宽示波器的带宽。探头一般在示波器机体的外面，用电缆线和仪器相连接，有无源探头和有源探头两种。无源探头是由 R、C 组成的一个衰减器，衰减比一般有 1∶1、10∶1、100∶1 几种，多用于探测低频信号，如图 7-9 所示。有源探头内部包括高输入阻抗放大器，多用于探测高频信号。

2. 输入耦合方式和衰减器

如图 7-10 所示，示波器的输入耦合方式有 DC、AC 和⊥（GND）3 种方式。

3. Y 轴前置放大器

前置放大器用于对信号进行适当放大，并同时完成各种功能调节（包括增益微调、Y 轴位移、极性转换等）和取出内触发信号。内触发信号用于启动水平扫描电路，它从垂直系统的前置放大器中引出，再经过内触发放大器放大，送至水平系统触发整形电路。在双踪示波器中，转换通道用的电子开关也在前置放大器中。

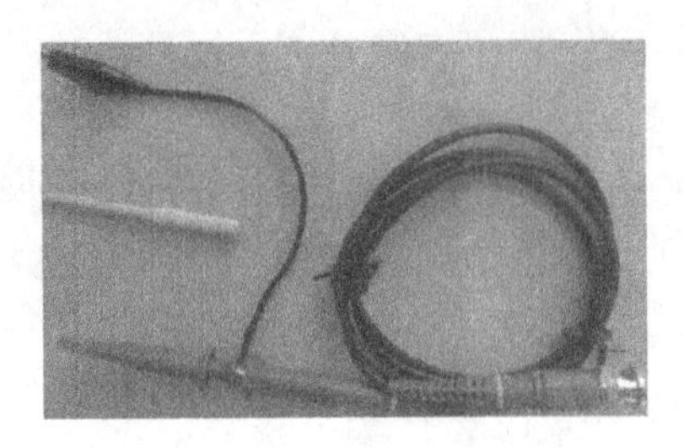
图 7-9 探头系统

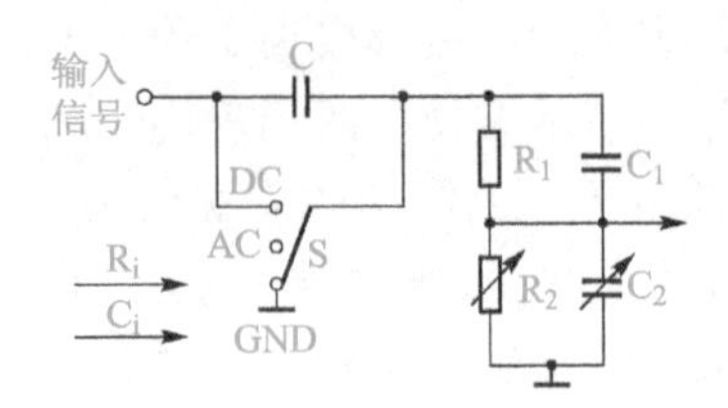

图 7-10 耦合电路和衰减器

4. 延迟线

由垂直系统分离内触发信号，到扫描发生器真正启动产生扫描信号，会有一定的时间间隔。因此，水平扫描锯齿波的起始点与输入的被测信号的起始点不在同一时刻出现在偏转板上。在观察脉冲信号时，为了看清它的前沿或前端信息，必须使被测信号的起点与扫描信号的起点同步。为此，要在 Y 通道内插入延迟线，使通过 Y 轴电路的被测信号有所延迟。延迟时间通常为 60～200ns，略大于水平通道的触发延迟。

5. 后置放大器

后置放大器是 Y 通道中的主放大器。它的功能是将由延迟线输出的被测信号放大到足够大的幅度，用以驱动示波管的垂直偏转系统，使电子束获得 Y 轴方向的满偏转。后置放大器应在带宽满足要求的前提下，有足够的增益和动态范围及小的谐波失真，以使荧光屏上能不失真地重现被测信号。

在后置放大器中一般设有垂直偏转因数×5 或×10 扩展功能，它将放大器的放大量提高 5 或 10 倍。

五、YB4320B 型双踪示波器水平系统的工作原理

在显示时变信号时，水平系统用于产生并放大一个与时间呈线性关系的锯齿形电压，控制电子束在水平方向的线性偏移，形成时间基线。为使荧光屏上能稳定而真实地显示时变信号波形，可选择适当的触发或同步信号；为使显示的波形清晰，必须产生增辉或消隐信号，去控制示波器的 Z 轴电路。

在 X-Y 工作方式（显示两个变量 X、Y 之间的函数关系）时放大 X 轴输入信号并送至水平偏转板，作为水平扫描信号。

1. 触发电路

触发电路为时基发生器提供符合要求的触发脉冲。触发电路包括触发源选择、触发耦合方式选择、触发放大整形电路。

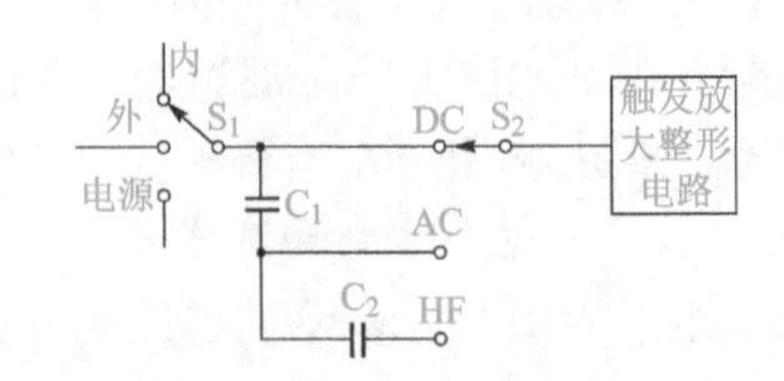

图 7-11 触发源选择与触发耦合方式选择

（1）触发源的选择与被测信号有关，一般有 3 种来源：内触发（INT）、外触发（EXT）、电源触发（LINE），如图 7-11 所示。

（2）触发耦合方式有 3 种，如图 7-11 所示。

①“DC”直流耦合：直接耦合，用于接入直流或缓慢变化的触发信号，或者频率较低并有直流分量的触发信号。

②“AC”交流耦合：电容耦合，有隔直流作用，触发信号经电容 C_1 接入，用于观察由低频到较高频率的信号。测量中常用这种耦合方式。

③“HF”低频抑制：触发信号经电容 C_1 及 C_2 接入，电容量较小，阻抗较大，用于抑制 2kHz 以下的频率成分。

2. 时基发生器（扫描发生器）

时基发生器也称为扫描发生器，它在触发脉冲的作用下产生周期性锯齿波电压，经 X 轴放大器放大后，送至 X 轴偏转板，控制电子束在荧光屏上由左向右的水平扫描，这种扫描称为线性时基扫描。为使显示的波形清晰稳定，要求锯齿波电压线性好、频率稳定，且同步良好，扫描因数应能调节。

时基发生器主要由扫描闸门、扫描电压产生电路、比较电路和释抑电路组成。时基发生器的组成框图及波形如图 7-12 所示。

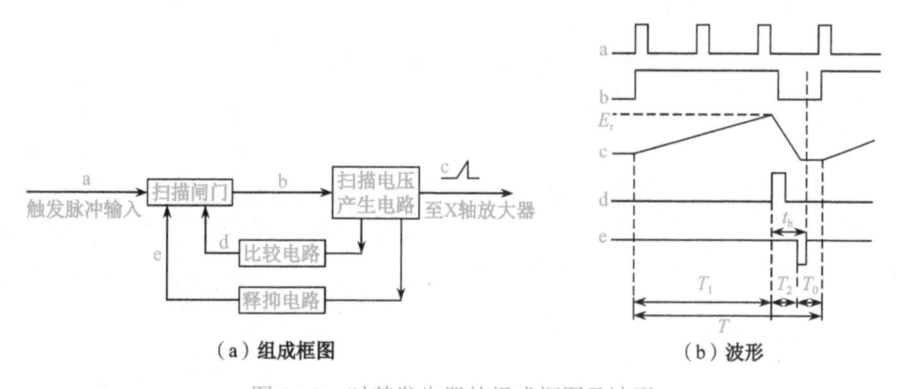

图 7-12　时基发生器的组成框图及波形

3. X 轴放大器

X 轴放大器是 X 通道中的主放大器。它的功能是放大线性扫描电压或 X 轴输入信号到足够大的幅度，用以驱动示波管的水平偏转系统，使电子束获得 X 轴方向的满偏转。

知识点三　数字示波器的特点及性能指标

一、数字示波器的特点

数字技术的发展和微处理器的问世，对示波器的发展产生了重大的影响。目前，数字存储示波器无论在产品的技术水平上还是在其性能指标上都优于模拟示波器，特别是宽带示波器，大有取代模拟示波器之势。数字存储示波器是示波器发展的一个主要方向。

（1）波形的采样/存储与波形的显示是独立的。在存储工作阶段，对快速信号采用较高的速率进行取样和存储，对慢速信号采用较低的速率进行取样和存储；但在显示工作阶段，其读出速度可以采用一个固定的速率，不受取样速率的限制，因而可以获得清晰而稳定的波形。

（2）能长时间地保存信号。由于数字存储示波器是将波形用数字方式存储起来的，其存储时间在理论上可以是无限长。

（3）先进的触发功能。它不仅能显示触发后的信号，而且能显示触发前的信号，并且可以任意选择超前或滞后的时间。

（4）测量准确度高。数字存储示波器由于采用晶振作为高稳定时钟，因而有很高的测时准确度，其采用高分辨率 A/D 转换器也使幅度测量准确度大大提高。

（5）较强的数据处理能力。数字存储示波器内含微处理器，因而能自动实现多种波形参数的测量与显示功能，还具有自检与自校等多种自动操作功能。

（6）外部数据通信接口。数字存储示波器可以很方便地将存储的数据送到计算机或其他的外部设备，进行更复杂的数据运算和分析处理，还可以通过 GPIB 接口与计算机一起构成自动测试系统。

二、数字存储示波器的性能指标

数字存储示波器除了具有与普通示波器相同的指标外，还有其特有的性能指标，主要有以下几项，如表 7-3 所示。

表 7-3　数字存储示波器的性能指标

性能指标	定　义	性能指标	定　义
取样速率	单位时间内获取被测信号的样点数	测量准确度	数字存储示波器在进行波形测量时，测量结果数字示值的最大误差，包括水平通道准确度和垂直通道准确度
测量分辨率	一般用A/D转换器或D/A转换器的二进制位数来表示，转换器位数越多，则分辨率越高，测量误差和波形失真越小	测量计算功能	数字存储示波器具有各种测量计算功能
存储带宽	以存储方式工作时所具有的频带宽度	触发延迟范围	信号触发点与时间参考点之间相对位置的变化范围，分为正延迟和负延迟，通常用格数或字节数表示
断电存储时间	参考波形存储器断电后所能保存波形的最长时间	读/写速度	从存储器读出数据和向存储器写入数据的速度，通常用读或写一个字节所用的时间来表示。该指标可进行选择
存储容量	存储器能够存储数据量的多少，通常用存储器容量的字节数表示	输出信号	数字存储示波器输出信号的种类和特性，包括输出信号种类、输出信号电平和通信接口标准等

7.3　项目综合训练

技能训练一　双踪示波器的测量实例

在测量时，一般将灵敏度选择开关的微调旋钮以逆时针方向旋至满度的校准位置，这样可以按灵敏度选择开关位置直接计算被测信号的电压幅值。

由于被测信号一般都含有交流和直流两种，因此在测试时应根据下述方法操作。

一、双踪示波器测量交流电压

当只需测量被测信号的交流成分时，应将 Y 轴输入耦合方式开关置 AC 位置，调节灵敏度选择开关，使波形在屏幕上的显示幅度适中，调节触发电平旋钮使波形稳定，分别调节 Y 轴和 X 轴的位移，方便读取波形显示值，如图 7-13 所示。根据灵敏度选择开关位置和波形在垂直方向显示的坐标（格），按下式读取。

$$V_{\text{p-p}}=V/\text{div}\times H\text{（div）}$$

$$V_{\text{有效值}}=\frac{V_{\text{p-p}}}{2\sqrt{2}}$$

如果使用的探头置为 10∶1 位置，则应将该值再乘以 10。

二、双踪示波器测量直流电压

当需测量被测信号的直流（或含直流的）电压时，应先将 Y 轴输入耦合方式开关置 GND 位置，调节 Y 轴位移使扫描基线在一个合适的位置上，再将输入耦合方式开关转换到 DC 位置，调节触发电平旋钮使波形同步，根据波形偏移原扫描基线的垂直距离，利用上述方法读取该信号的直流电压值，如图 7-14 所示。

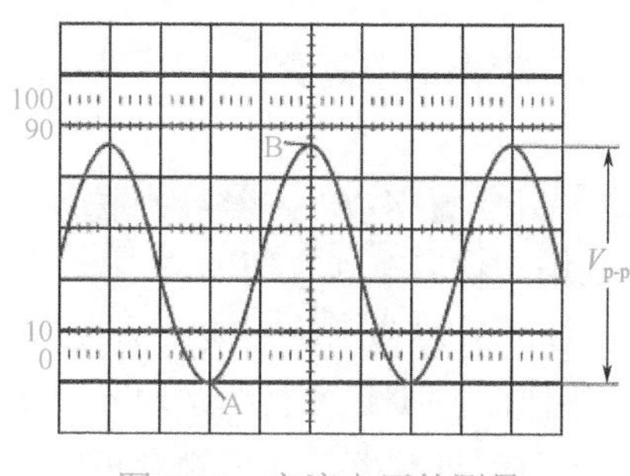

图 7-13 交流电压的测量

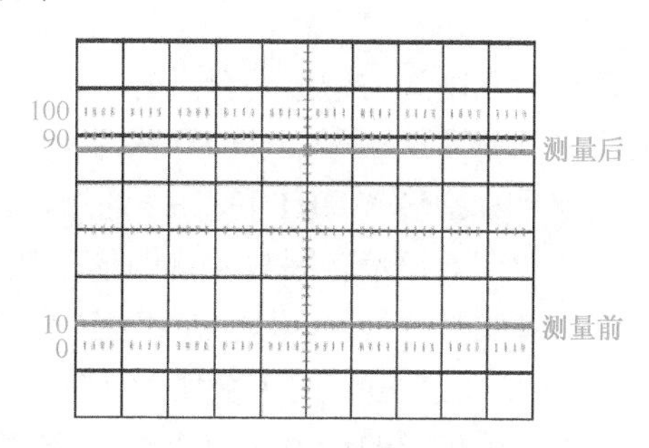

图 7-14 直流电压的测量

三、双踪示波器测量周期

对某信号的周期或该信号任意两点间时间参数进行测量，可首先按上述操作方法，使波形获得稳定同步后，根据该信号一个周期或需测量的两点间在水平方向的距离乘以扫描速率选择开关的指示值获得。当需要观察该信号的某一细节（如快跳变信号的上升或下降时间）时，可按入“×5 扩展”按钮，使显示的距离在水平方向得到 5 倍的扩展，调节 X 轴位移，使波形处于方便观察的位置，此时测得的时间值应除以 5。

时间间隔（s）=两点间的水平距离（格）×扫描速率（时间/格）/水平扩展系数

四、双踪示波器测量二路信号的相位差

根据两个相关信号的频率，选择合适的扫描速率，并将垂直方式开关根据扫描速率的快慢分别置“交替”或“断续”位置，将触发源开关置于被设定作为测量基准的通道，调节触发电平旋钮使波形稳定同步，根据一个通道信号一个周期的水平距离（格），得到每格的相位角。

$$\text{每格的相位角}=\frac{360^\circ}{\text{一个周期的水平距离（格）}}$$

再根据另一个通道信号超前或滞后的水平距离乘以每格的相位角，得出两个相关信号的相位差。

例如，在图 7-15 中，测得两个波形测量点的水平距离为 1 格，则根据公式可算出：相位差=1 格×40/格=40。

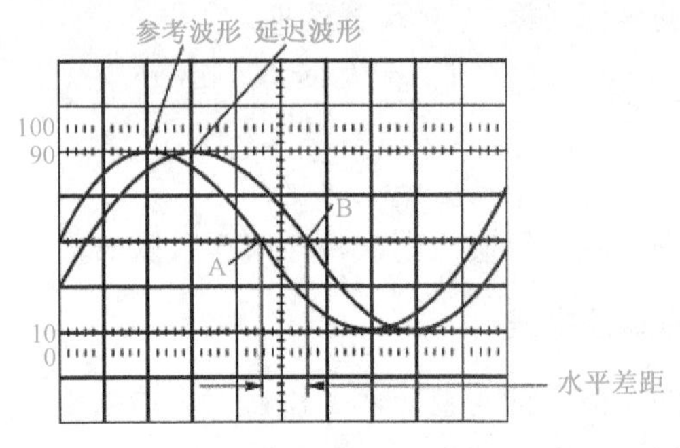

图 7-15　测量二路信号的相位差

技能训练二　使用示波器测量信号频率（李沙育图形法）

两个相互垂直的谐振动合成时，若其频率 f_X 与 f_Y 成简单的整数比，则合成的轨迹是封闭的稳定几何图形，称为李沙育图形。

将信号分别输入 CH1 和 CH2 通道，扫描速率选择开关置 X-Y（逆时针到底），调节信号幅度或改变通道偏转因数，使图形不超出荧光屏视场，观察李沙育图形。

李沙育图形法测量频率（或相位）是将示波器 X 和 Y 通道分别输入被测信号和一个已知信号，调节已知信号的频率使荧光屏上出现稳定的图形，根据已知信号的频率（或相位）便可求得被测信号的频率（或相位）。李沙育图形法既可测量频率，又可测量相位。

李沙育图形法测量频率时，示波器工作于 X-Y 方式，频率已知的信号与频率未知的信号加到示波器的两个输入端，调节已知信号的频率，使荧光屏上得到李沙育图形，由此可测出被测信号的频率。

示波器工作于 X-Y 方式时，X 轴信号和 Y 轴信号对电子束的使用时间总是相等的，垂直线、水平线与李沙育图形的交点数分别与 X 轴信号频率和 Y 轴信号频率成正比。因此，李沙育图形存在关系

$$\frac{f_Y}{f_X}=\frac{N_H}{N_V}$$

式中，N_H 和 N_V 分别为水平线、垂直线与李沙育图形的交点数；f_Y、f_X 分别为示波器 Y 轴信号频率和 X 轴信号频率。表 7-4 所示为几种常用的不同频率、不同相位的李沙育图形。

表 7-4　几种常用的不同频率、不同相位的李沙育图形

φ 图形 频率比	0°	45°	90°	135°	180°
$\frac{f_Y}{f_X}=1$			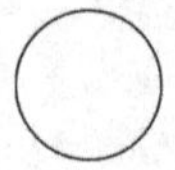		

续表

φ 图形 频率比	0°	45°	90°	135°	180°
$\frac{f_Y}{f_X}=\frac{2}{1}$					
$\frac{f_Y}{f_X}=\frac{3}{1}$					
$\frac{f_Y}{f_X}=\frac{3}{2}$					

事实上，垂直线（或水平线）与李沙育图形的切点数 N'_V（或 N'_H）也与 X（或 Y）轴信号频率成正比，即 $\frac{f_Y}{f_X}=\frac{N'_H}{N'_V}=\frac{N_H}{N_V}$。

分别在李沙育图形上画出水平线和垂直线，则 $N_H=2$，$N_V=6$，或 $N'_H=1$，$N'_V=3$。注意必须在交点数最多的位置画线，如图 7-16 所示。

$$f_Y=f_X\frac{N_H}{N_V}=6\text{MHz}\times\frac{2}{6}=2\text{MHz} \text{或} f_Y=f_X\frac{N'_H}{N'_V}=6\text{MHz}\times\frac{1}{3}=2\text{MHz}$$

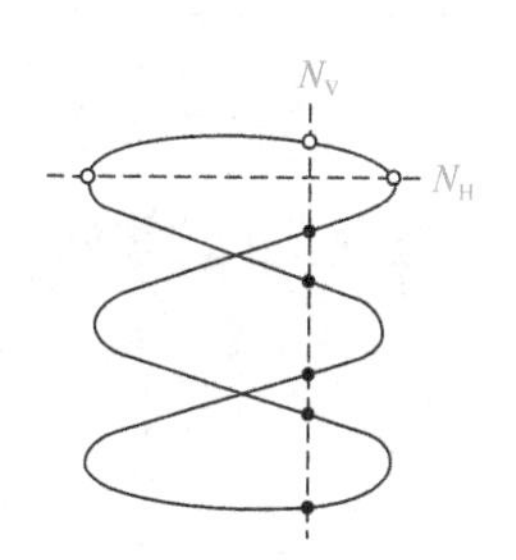

图 7-16 李沙育图形法测量频率

技能训练三 使用示波器测量信号幅度

一、技能训练目的

（1）掌握集成运算放大器组成比例、求和电路的特点和性能。

（2）学会上述电路的测试和分析方法。

二、技能训练设备

数字万用表、函数信号发生器、双踪示波器、LM324、晶体二极管 1N4007、电阻器和搭建电路印制电路板若干。

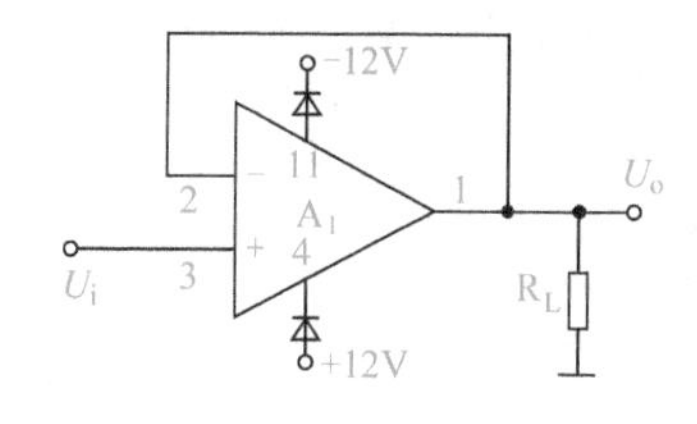

图 7-17 电压跟随器

三、用示波器测量电压跟随器输出电压的技能训练

（1）实验电路如图 7-17 所示，按照实验电路搭建电路。

（2）电路搭建完成后，根据表 7-5 的要求测量电压，并填写表 7-5。

表 7-5 电压跟随器测量结果

U_i（V）		−2	−0.5	0	0.5	1
U_o（V）	$R_L=\infty$					
	R_L=5.1kΩ					

四、用示波器测量双端输入求和电路输出电压的技能训练

（1）实验电路如图 7-18 所示，按照实验电路搭建电路。

（2）电路搭建完成后，根据表 7-6 的要求测量电压，并填写表 7-6。

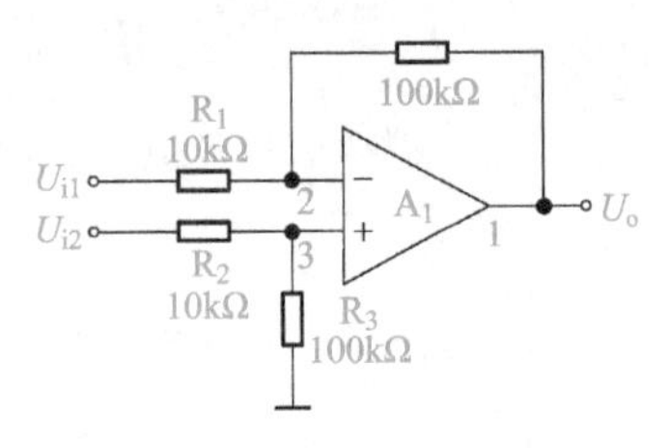

图 7-18 双端输入求和电路

表 7-6 双端输入求和电路测量结果

U_{i1}（V）	1	2	0.2
U_{i2}（V）	0.5	1.8	–0.2
U_o（V）			

五、技能训练考评表

通过以上的技能训练练习，将技能训练考核内容认真做完，并且将考核评分填写到表 7-7 中。

表 7-7 技能训练考评表

考核项目	序号	考核要求	配分	评分标准	考核记录	得分
示波器的使用方法	1	测量前的准备工作符合要求	10	通电预热不足扣 10 分		
	2	电源和扫描	10	不按照要求操作扣 10 分		
	3	熟悉示波器各控制件的功能和操作	10	不熟悉各控制件的功能每个扣 2 分，不熟悉各控制件的操作每个扣 2 分		
幅度、周期、相位差、频率的测量	4	信号幅度的显示正确完整	5	信号幅度的显示不正确不完整扣 5 分		
	5	被测信号的输入正确	5	被测信号的输入不正确扣 5 分		
	6	测量周期的方法正确	5	测量周期的方法不正确扣 5 分		
	7	准确选择计数测量开关	5	错误选择计数测量开关扣 5 分		
	8	测量相位差的方法正确	5	测量相位差的方法不正确扣 5 分		
	9	测量频率的方法正确	10	测量频率的方法不正确扣 10 分		
	10	准确记录测量数据于实训报告中	5	错误记录测量数据于实训报告中扣 5 分		

续表

考核项目	序号	考核要求	配分	评分标准	考核记录	得分
安全文明	11	安全操作	10	测量完毕不关所用仪器扣 10 分		
	12	清理现场	10	不按要求清理现场扣10分		
考核时间为50分钟	13	不延时	10	延时 10 分钟扣 10 分		
备注：					总分：	

项目评估检查

一、填空题

1. 示波器可分为九大类，其中模拟示波器包含__________、__________、__________、__________、多线示波器及多踪示波器等。

2. 数字智能化示波器包含__________、数字处理示波器及__________等。

3. 示波器的基本特点如下：__________，可测量瞬时值，具有直观性；__________，对被测信号影响小；__________，并有较强的过载能力；工作频带宽，速度快，便于__________的细节。

二、简答题

4. 简述使用数字示波器自动显示被测信号波形的基本步骤。

5. 简述模拟示波器与数字示波器的区别和联系。

6. 简述示波器的工作原理及组成。

7. 示波器的主要性能指标有哪些？

8. 若示波器正常，观察波形时，荧光屏上什么也看不到，会是哪些原因？实验中应怎样调出其波形？

9. 用示波器观察波形时，示波器上的波形移动不稳定，为什么？应调节哪几个控制件使其稳定？

10. 测量直流电压时，确定其水平扫描基线时，为什么要将 Y 轴输入耦合方式开关置 GND 位置？

11. 假定在示波器的输入端输入一个正弦电压，所用水平扫描频率为 120Hz，在荧光屏上出现了 3 个完整的正弦波周期，那么输入电压的频率为多少？

12. 某同学用示波器测量正弦交流电压，经与用万用表测量值比较相差很大，这是什么原因？

13. 如何使用示波器测量两个频率相同的正弦信号的相位差？

三、操作题

14. 学习波形发生器的调整和主要性能指标的测量方法。

（1）波形发生器参考电路如图 7-19 所示，接通±12V 电源，调节电位器 R_3，使输出波形从无到有，从正弦波出现到失真。测量结果记入表 7-8。

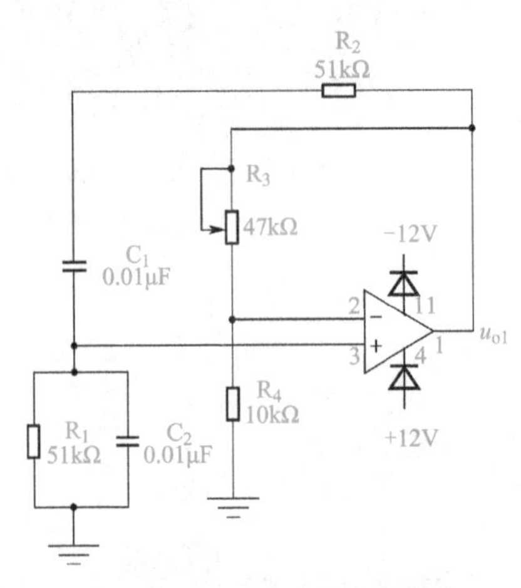

图 7-19 波形发生器参考电路

表 7-8 波形发生器测量结果

R_3（kΩ）	输出电压有效值 U_{o1}（V）	输出电压 u_{o1} 波形	备 注
			输出无波形
			输出有波形
			输出波形失真

（2）调节电位器 R_3，使输出电压 u_{o1} 幅值最大且不失真，用交流毫伏表分别测量输出电压 U_{o1}、反馈电压 U_+和 U_-，分析研究振荡的幅值条件。

用示波器测量振荡频率 f_0，然后在选频网络的两个电阻上并联同一阻值电阻，电路如图 7-20，观察记录振荡频率的变化情况，并与理论值进行比较。测量结果记入表 7-9。

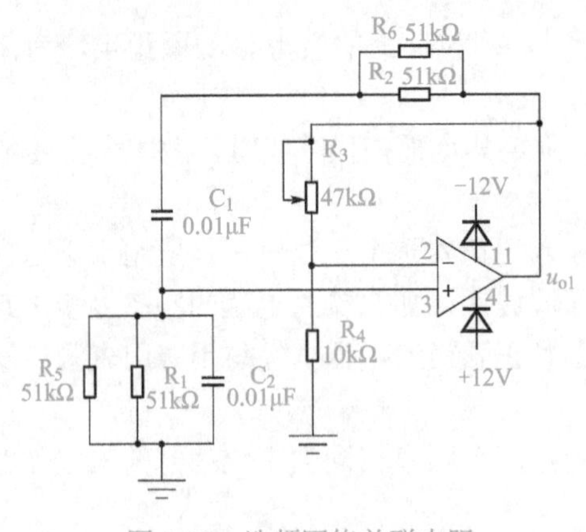

图 7-20 选频网络并联电阻

表 7-9　选频网络测量结果

R（kΩ）	C（μF）	理论振荡频率 f_0（Hz）	实测振荡频率 f_0（Hz）

（3）连接电路如图 7-21 所示，求 u_{o2} 的频率和幅值；用示波器观测输出波形，并画出输出波形。调整可调电位器 RP，观察输出波形幅度的变化范围。测量结果记入表 7-10。

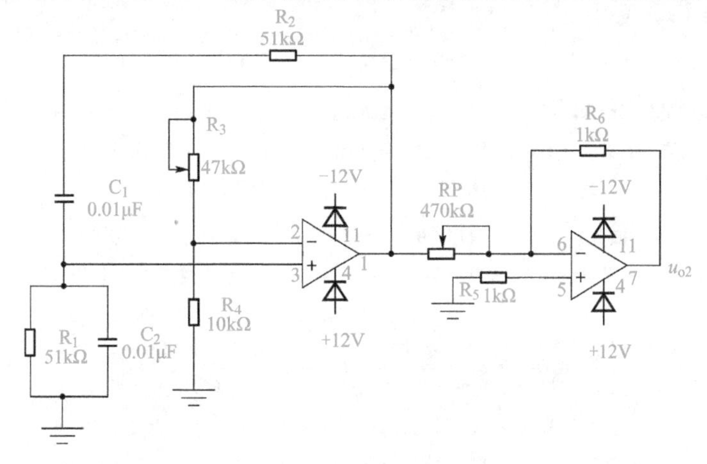

图 7-21　整机电路图

表 7-10　整机电路测量结果

R_p（kΩ）	u_{o2} 的频率（Hz）	u_{o2} 的幅值（V）	输出波形

（4）当 u_{o2} 的幅值是 100mV 时，测 RP 的阻值，同时测出反相比例运算电路的放大倍数。

四、项目评价评分表

15．自我评价、小组互评及教师评价

评价项目	项目评价内容	分值	自我评价	小组互评	教师评价	得分
理论知识	① 了解示波器的工作原理	10				
	② 熟悉示波器的使用方法	10				
	③ 了解示波器的组成框图	10				
	④ 熟悉示波器各控制件的功能	10				
实操技能	① 熟悉示波器各控制件的操作	20				
	② 测量时方法正确	15				
	③ 被测信号的输入接线正确	5				
	④ 准确记录测量数据于实训报告中	5				
	⑤ 倍乘率选择准确	5				

续表

评价项目	项目评价内容	分值	自我评价	小组互评	教师评价	得分
安全文明	① 安全操作	5				
	② 清理现场	5				

16．小组学习活动评价表

班级：__________ 小组编号：__________ 成绩：__________

评价项目	评价内容及评价分值			自评	互评	教师评分
分工合作	优秀（12～15分）	良好（9～11分）	继续努力（9分以下）			
	小组成员分工明确，任务分配合理，有小组分工职责明细表	小组成员分工较明确，任务分配较合理，有小组分工职责明细表	小组成员分工不明确，任务分配不合理，无小组分工职责明细表			
获取与项目有关质量、市场、环保等内容的信息	优秀（12～15分）	良好（9～11分）	继续努力（9分以下）			
	能从网络等多种渠道获取信息，并能合理地选择信息、使用信息	能从网络等多种渠道获取信息，并能较合理地选择信息、使用信息	能从网络等多种渠道获取信息，但信息选择不正确，信息使用不恰当			
实际技能操作	优秀（16～20分）	良好（12～15分）	继续努力（12分以下）			
	能按技能目标要求规范地完成每项实操任务	能按技能目标要求较规范地完成每项实操任务	能按技能目标要求完成每项实操任务，但规范性不够			
基本知识分析讨论	优秀（16～20分）	良好（12～15分）	继续努力（12分以下）			
	讨论热烈，各抒己见，概念准确，原理思路清晰，理解透彻，逻辑性强，并有自己的见解	讨论没有间断，各抒己见，分析有理有据，思路基本清晰	讨论能够展开，分析有间断，思路不清晰，理解不透彻			
成果展示	优秀（24～30分）	良好（18～23分）	继续努力（18分以下）			
	能很好地理解项目的任务要求，成果展示逻辑性强，熟练利用信息技术（电子教室网络、互联网、大屏等）进行成果展示	能较好地理解项目的任务要求，成果展示逻辑性较强，能较熟练利用信息技术（电子教室网络、互联网、大屏等）进行成果展示	基本理解项目的任务要求，成果展示停留在书面和口头表达，不能熟练利用信息技术（电子教室网络、互联网、大屏等）进行成果展示			
总分						

项目总结

通过对本项目的理论学习与实践操作，我们可以很好地掌握模拟与数字示波器的区别和联系，也能够很好地运用该仪器，同时要了解其使用注意事项。同学们要清楚地认识到示波器能观测交流信号的波形和频率，也可以测量直流电压，能进行信号的寻迹、观察，分析信号的失真，是调试人员和维修人员的“眼睛”。

项目八

电子计数器的测量与使用

项目情境创设

电子计数器是利用电子计数法，在一定的时间间隔内对输入的脉冲信号进行计数，从而实现测量频率、周期及累加计数等。通常将具有多种测量功能的电子计数器称为通用电子计数器，而将主要用于频率测量的电子计数器称为数字频率计，如图 8-1 所示。

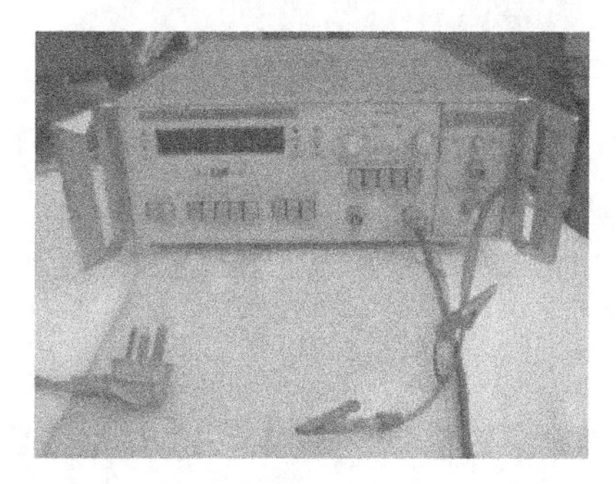

图 8-1　通用电子计数器和数字频率计

项目学习目标

学习目标		学习方式	学　时
技能目标	① 熟悉通用电子计数器的面板 ② 熟练使用通用电子计数器 ③ 掌握通用电子计数器的使用注意事项	理论讲授、实训操作	4
知识目标	① 认识电子计数器 ② 理解通用电子计数器的组成与工作原理 ③ 了解通用电子计数器的主要性能指标	理论讲授、实训操作	2
情感目标	通过网络搜索查询认识各种电子计数器，了解电子计数器的使用方法，提高同学们对电子计数器使用重要意义的认识；通过小组讨论，培养获取信息的能力；通过相互协作，提高团队意识	网络查询、小组讨论、相互协作	课余时间

8.1 项目基本技能

技能一 通用电子计数器的认知

电子计数器是一种最常见、最基本的数字仪器。它可以测出一定时间内的脉冲数目，并将结果以数字形式显示，这种仪器早期多用于测量频率，故称数字式频率计。随着技术的不断进步，而今它成为多功能的电子计数仪器，故称电子计数器。频率和时间是电工电子测量技术领域中最基本的参量，因此电子计数器是一类重要的电工电子测量仪器。

一、通用电子计数器的面板说明

1. 通用电子计数器的面板示意图

E-312A 型通用电子计数器的前、后面板示意图分别如图 8-2 和图 8-3 所示。

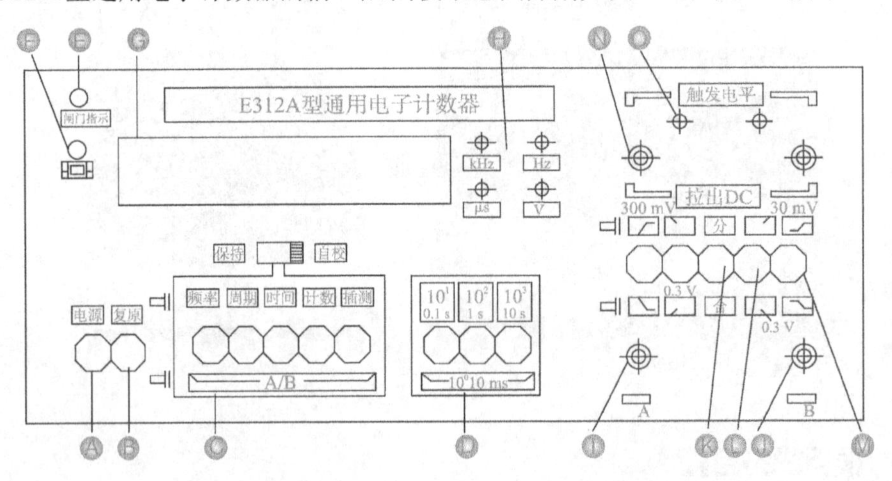

图 8-2 E-312A 型通用电子计数器的前面板示意图

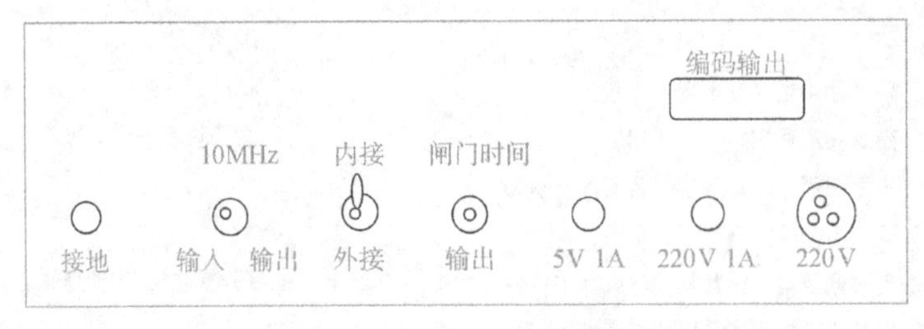

图 8-3 E-312A 型通用电子计数器的后面板示意图

2. 通用电子计数器面板上各部分的功能

E-312A 型通用电子计数器面板上各部分的功能如表 8-1 所示。

表 8-1　E-312A 型通用电子计数器面板上各部分的功能

实物图	功能	实物图	功能
	A. 电源开关：按下按键开关接通机内电源，仪器即正常工作		B. 复原键：每按一次，产生一次人工复原信号
	C. 功能选择模块：由 1 个 3 位拨动开关和 5 个按键开关组成。拨动开关处于右边位置时，整机执行自校功能，显示 10MHz 钟频，位数随闸门时间的不同而不同；拨动开关处于左边位置时，拨动前测得的数据将保持显示不变（当拨动开关处于上述两个位置时，5 个按键开关失去作用）；拨动开关处于中间位置时，整机功能由 5 个按键开关的位置决定。5 个按键开关完成 6 种功能的选择。5 个按键的名称及功能如下：频率——执行频率测量功能，周期——进行周期测量，时间——进行时间间隔测量，计数——进行计数测量，插测——进行功能扩展测量。5 个按键开关之间为互锁关系，当 5 个全部弹出时，仪器进行频率比测量		D. 闸门选择模块：由 3 个按键开关组成，可选择 4 挡闸门和相应的 4 种倍乘率。0.1s（10^1）：选通 0.1s 闸门或 10^1 倍乘。1s（10^2）：选通 1s 闸门或 10^2 倍乘。10s（10^3）：选通 10s 闸门或 10^3 倍乘。3 个键都弹出时，仪器选通 10ms 闸门或 10^0 倍乘。至于是闸门还是倍乘率，应同时结合功能选择而定，频率、自校测量时，选择的是闸门；周期、时间测量时选择的是倍乘率
			E. 闸门指示灯
			F. 晶振指示：绿色发光二极管亮，表示晶体振荡器电源接通
	G. 显示器：8 位七段 LED 显示，小数点自动定位		I. A 输入插座：频率或周期测量时的被测信号、时间间隔测量时的启动信号及频率比测量时的 A 信号均由此处输入
	H. 单位指示：4 种单位指示。频率测量用 kHz 或 Hz（Hz 单位供功能扩展插件用），时间测量用 μs，电压测量用 V（供扩展插件用）		K. 分-合键：按下时为“合”，B 输入通道断开，A、B 通道相连，被测信号从 A 输入端入口；弹出时为“分”，A、B 为独立的通道
	J. B 输入插座：时间间隔测量时的停止信号、频率比测量时的 B 信号均由此处输入		M. 斜率选择键：选择输入波形的上升沿或下降沿。按下时，选择下降沿，弹出时，选择上升沿

续表

实物图	功能	实物图	功能
	L. 输入信号衰减键：弹出时，输入不衰减地进入通道，按下时，输入信号衰减为1/10后进入通道		O. 触发电平指示灯：表征触发电平的调节状态，发光二极管均匀闪表示触发电平调节正常，常亮表示触发电平偏高，不亮表示触发电平偏低
	N. 触发电平调节器：由带开关的推拉电位器组成，通过电位器阻值的调整完成触发电平的调节作用，调节电位器可使触发电平在-1.5～+1.5V（不衰减）或-15～+15V（衰减时）之间连续调节，开关推入为AC耦合，拉出为DC耦合	——	P. 内插件位置：当插入功能扩展单元时，即能完成插测功能的扩展作用

二、电子计数器的认识

1. 电子计数器的概述

一般，我们将具有测量频率和测量周期两种以上功能的电子计数器都归类为通用电子计数器。通用电子计数器是一种具有多种测量功能、多种用途的电子计数器，它可以测量频率、周期、时间间隔、频率比，也可累加计数、计时等，配上相应插件还可以测量相位、电压等电量。

2. 电子计数器的分类

按电子计数器的测量功能可以分为频率计数器、通用计数器、时间计数器、特种计数器、工业计数器、程序计数器、计算计数器。

按电子计数器的测频上限值可分为低速计数器（最高计数频率不大于10MHz）、中速计数器（计数频率为10～100MHz）、高速计数器（最高计数频率大于100MHz）、微波频率计数器（测量频率范围为1～80GHz或更高）。

三、通用电子计数器的组成

虽然电子计数器的种类和型号很多，性能指标各异，但使用方法基本相同。下面以E-312A型通用电子计数器为例，介绍其结构组成。E-312A型通用电子计数器的组成框图如图8-4所示。

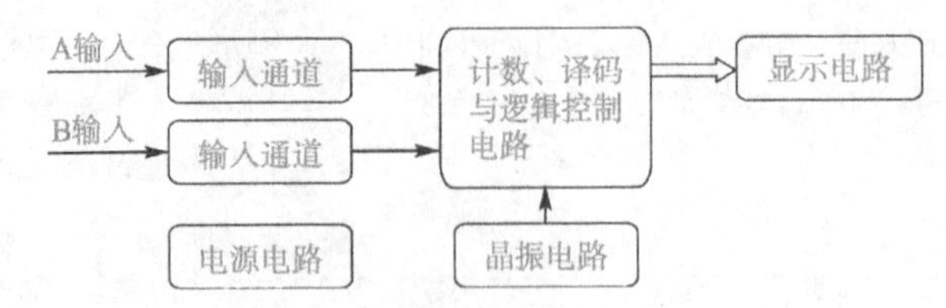

图8-4　E-312A型通用电子计数器的组成框图

E-312A 型通用电子计数器有两个输入通道，它的计数与逻辑控制部分由大规模集成电路 ICM7226B 组成，数码显示部分采用了 8 位 LED 显示器，标准信号源采用 ED441C 型 5MHz 插入式小型恒温石英晶体振荡器和倍频电路，具有闸门时间输出、内频标输出和外频标输入。全部测量功能包括计数、频率测量、频率比测量、周期测量、时间间隔测量；可以对正弦波、方波、三角波、锯齿波等信号进行测量。E-312A 型通用电子计数器的组成详图如图 8-5 所示。

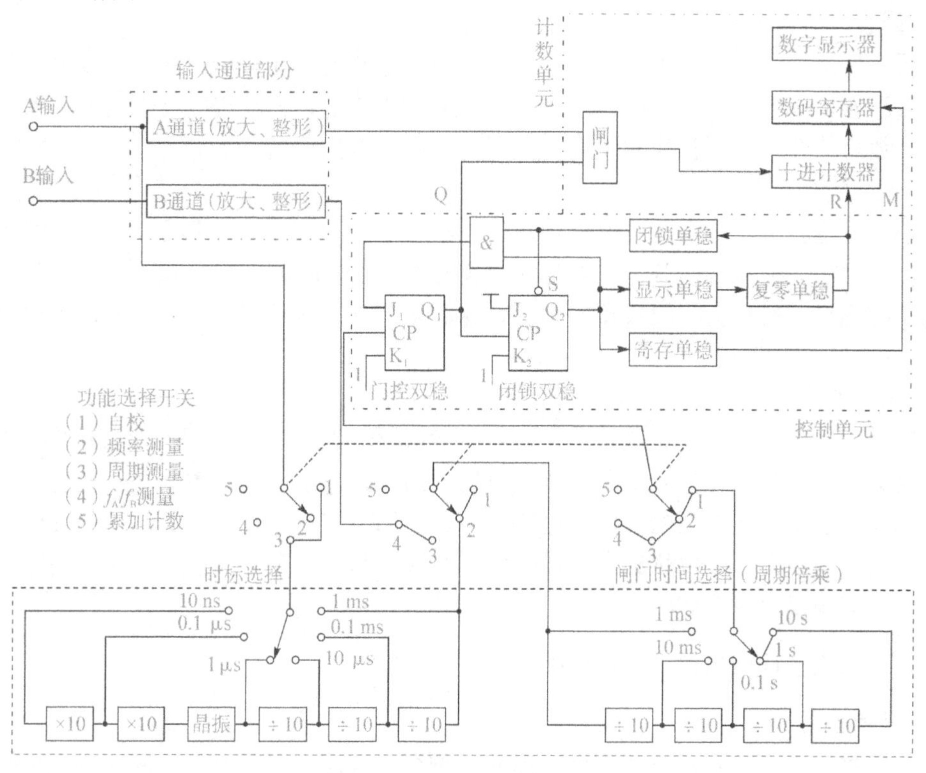

图 8-5　E-312A 型通用电子计数器的组成详图

1. 输入通道部分

输入通道的作用是将被测信号进行放大、整形，使其变换为标准脉冲。输入通道部分包括 A、B 两个通道，它们均由衰减器、 放大器和整形电路等组成。凡是需要计数的外加信号（如测频信号），均由 A 输入通道输入，经过 A 输入通道适当的衰减、放大、整形之后，变成符合主门要求的脉冲信号。而 B 输入通道的输出与一个门控双稳相连，如果需要测量周期，则被测信号就要经过 B 输入通道输入，作为门控双稳的触发信号。

2. 主门

主门又称为闸门，它是用于实现量化的比较电路，它可以控制计数（脉冲）信号能否进入计数器。主门电路是一个双输入端逻辑与门，如图 8-6 所示。它的一个输入端接受来自控制单元中门控双稳态触发器的门控信号，另一个输入端则接受计数（脉冲）信号。在门控信号作用有效期间，允许计数（脉冲）信号通过主门进入计数器计数。

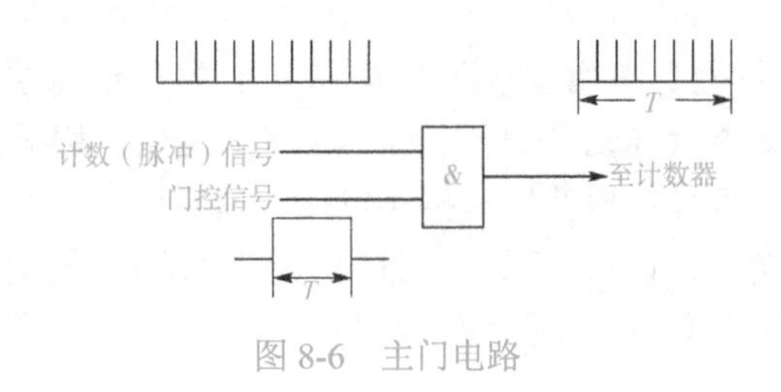

图 8-6 主门电路

3. 计数与显示单元

计数与显示单元用于对来自主门的脉冲信号进行计数，并将计数的结果以数字的形式显示出来。为了便于读数，计数器通常采用十进制计数电路。带有微处理器的仪器也可用二进制计数器计数，然后转换成十进制并译码后再进入显示器。

4. 时基单元

时基单元主要由晶体振荡器、分频及倍频器组成。时基单元主要用于产生各种标准时间信号。标准时间信号有两类，一类时间较长的称为闸门时间信号，通常根据分频级数的不同有多种选择；另一类时间较短的称为时标信号。时标信号可以是单一的，也可以有多种选择。

5. 控制单元

控制单元的作用是产生门控信号（Q）、寄存信号（M）和复零信号（R）3 种控制信号，使仪器的各部分电路按照准备→测量→显示的流程有条不紊地自动进行测量工作。

控制单元包括前述的门控双稳态电路，它输出的门控信号用于控制主门的开闭，在触发脉冲作用下双稳态电路发生翻转。通常以一路输入脉冲信号开启主门，另一路输入脉冲信号使门控双稳复原，关闭主门。

四、通用电子计数器的主要性能指标

1. 测量功能

这指仪器所具有的全部测量功能，如测量频率、周期、频率比、时间间隔，计数，累加计数和自校等。

2. 测量范围

对于不同的测量对象，表示测量范围的方法也不相同。例如，测量频率时，被测信号的频率范围常用频率的上限值和下限值表示；测量时间时，常用可正常测量时间的最大值和最小值表示；测量周期时，常用测量周期的最大值和最小值表示，也可用周期相对应的频率范围表示。

3. 输入特性

（1）输入灵敏度。输入灵敏度用能使仪器正常工作的最小输入电压的有效值来表示。例如，通用计数器 A 输入端的灵敏度多为 20mV。

（2）最大输入电压。超过最大输入电压后，仪器不能保证正常工作，甚至会被损坏。

（3）输入耦合方式。常设 DC、AC 两种耦合方式。对于窄脉冲信号、随机脉冲信号和过低频率的信号，适于采用 DC 耦合方式。信号经隔直电容送入，当被测信号中带有较高的直流电平时，适于采用 AC 耦合方式。

（4）输入阻抗。输入阻抗包括输入电阻和输入电容两个部分。在 100MHz 以下的电子计数器中多为高输入阻抗，典型值为1MΩ/25pF，在高频情况下均采用匹配阻抗50Ω。

4. 测量精确度

测量精确度常以时基误差和计数误差确定。时基误差由石英晶体振荡器的稳定度确定。石英晶体振荡器的稳定度常以频率稳定度表示，目前，多在$\pm 1\times 10^{-5}$/d～$\pm 1\times 10^{-9}$/d范围内。

5. 闸门时间和时标

闸门时间和时标由机内时标信号源所提供的时间标准信号决定。根据测量频率和测量时间范围，机内时标信号源可提供几种闸门时间信号和时标信号。

6. 显示工作方式

（1）显示方式：有不记忆显示和记忆显示两种方式。不记忆显示方式显示正在计数的过程，数字变化可随时显示出，最后的显示数即为计数器的计数结果。记忆显示方式只显示最终计数的结果，不显示过程，即显示数为计数器本次最终的累计数，且将这一读数持续显示到下一次测量结束，被下一次测量的计数结果所代替。

（2）显示位数：仪器可显示的数字位数。

（3）显示时间：仪器一次测量结束后显示测量结果的持续时间，一般可以调节。

（4）显示器件：仪器所采用的显示仪器类型。

7. 输出

输出是指仪器可以直接输出的标准频率信号种类，并指明输出测量数据的方式和输出电平等。

技能二　通用电子计数器的使用

一、测量前的准备

E-312A型通用电子计数器具有自校、频率测量、周期测量、时间间隔测量、计数、插测、频率比测量7种功能，插测功能可作为E-312A仪器的功能扩展之用。

在输入电路内有三态灯指示电路，用来检测整形器是否工作正常。工作时指示灯闪亮，不工作时则为常亮或常灭。

测量频率或周期时的被测信号、测量频率比时的A信号（频率较高信号）、测量时间间隔时的启动信号，都由A输入口输入；测量频率比时的B信号及测量时间间隔时的停止信号则由B输入口输入。在面板上有斜率选择键，可根据需要选择触发信号的上升沿或下降沿。触发电平调节器可连续调节触发电平到最佳值。

测量频率时若被测频率高，则可选择短闸门时间；反之，若被测频率低，则应选择长闸门时间。测量周期时，若周期长，则应选小倍乘率，否则测量时间会很长。

在面板上设有分-合键，用于将A、B两输入口分、合控制。按下时为“合”，B输入通道的插口被断开，只有A输入口可输入信号，这时A、B输入通道在内部相连。当为单线输入、测量时间间隔时需按下此键。A、B 输入通道选用相同的斜率触发，可用来测量被测脉冲信号的重复周期；选用不同的斜率触发，可用来测量脉冲宽度或静止期。分-合键弹出时，A、B则为独立的输入通道。

功能选择和闸门选择通过在输入端接入不同的扫描位驱动脉冲来实现。在面板上按下某一功能按键后，集成电路内部则依照该按键的要求连接好内部电路，使测量逻辑功能发生相应变化。

首先将电源转换开关打到相应位置（AC220V/110V，50Hz/60Hz），插好电源线，打开电源开关，预热 20min 后再开始工作。

二、主要测量功能的使用

1. 频率测量

前面板的功能选择模块中的 3 位拨动开关置中间位置，意味着下面方块中的 5 种功能选择起作用，继而按下“频率”键，表示仪器已进入频率测量功能。闸门选择模块中的 4 挡闸门的选择通常可根据被测频率的数值而定。频率高时，可选择取样率较高的短闸门时间；频率低时，一般选长闸门时间。

通道部分的分-合键弹出，由 A 输入端送入适当幅度（当输入幅度大时，可通过输入信号衰减键予以衰减）的被测信号。若被测信号为正弦波，则送入后即可正常显示；若被测信号是脉冲波、三角波、锯齿波，则需将触发电平调节推拉电位器拉出，调节触发电平，此时即可正常显示被测信号的频率。

2. 周期测量

前面板的功能选择模块中的 3 位拨动开关置中间位置，按下“周期”键，此时闸门选择模块中的按键为倍乘率的选择，可根据被测周期的长短来选择倍乘率。被测周期短时，可选择适当倍乘率以提高测量精确度；被测周期较长时，可选择 10 倍乘直接进行测量，这时若倍乘率选得太大，则会等待很长时间才能显示测量结果或超出测量正常范围，以至误认为机器工作不正常。由于本仪器输入灵敏度较高，当被测信号的信噪比较低时，一般应在输入端加接低通滤波器和适当选择倍乘率来提高测量的精确度。

周期测量时通道部分的按键操作如下。被测周期信号从 A 输入端输入，分-合键弹出，选择“分”的工作状态。当被测周期信号为正弦波，幅度小于 0.3V，脉冲波幅度小于 $1V_{p-p}$ 时，将输入信号衰减键弹出，被测信号不经衰减直接进入 A 通道。当被测信号幅度超出上述范围时，输入信号衰减键按下，被测信号衰减为 1/10 后进入 A 通道。当被测信号为大于等于 1Hz 的正弦波时，可直接显示测量结果。当被测信号为脉冲波、三角波、锯齿波或低于 1Hz 的正弦波时，应将触发电平调节推拉电位器拉出，进行电平调节。电位器旋钮上的红点标志一般应选择指示在使触发灯闪跳区间的中心位置为宜。

3. 脉冲时间间隔测量

前面板的功能选择模块中的 3 位拨动开关置中间位置，按下“时间”键，此时闸门选择模块中的按键为取样次数的选择，可根据被测时间间隔的长短来选择取样次数。间隔较长时，应选择较小的取样次数或选择 10 次直接测量时间间隔，这时若取样次数太大，则同样会等待很长时间才能显示或超出正常测量范围。

触发电平调节推拉电位器在本测量功能时始终可调，在适当幅度的作用下，（单线时共用 A 路衰减器，双线时使用各自的衰减器），调节电位器，使得触发电平指示灯闪跳。电位器旋钮上的红点标志一般应选择指示在使触发灯闪跳区间的中心位置为宜。

当整机用于单线输入时，分-合键置“合”的位置，信号由 A 通道输入，两路斜率选择相同时可测量被测信号的周期，使用方法与周期测量相同，还可通过斜率选择键选择上升沿或下降沿，从而测出被测信号的脉冲持续时间和休止时间。

当整机用于双线输入时，启动信号由 A 输入端输入，停止信号由 B 输入端输入，分-合键置“分”的位置。此时，动态范围为 0.1～3V_{p-p}。

4. 频率比测量

前面板的功能选择模块中的 3 位拨动开关置中间位置，功能选择按键全部弹出，此时闸门选择模块中的按键用来选择倍乘率。分-合键置“分”的位置，A 路斜率选择键置“┏”的位置，两路被测信号分别由 A、B 输入端输入。此时，A 通道频率范围为 1Hz～10MHz，而 B 通道则为 1Hz～2.5MHz。动态范围均为：正弦波 30mV～1V，脉冲波 0.1～3V_{p-p}。

5. 计数

前面板的功能选择模块中的 3 位拨动开关置中间位置，按下“计数”键，分-合键置“分”的位置，输入信号衰减键和触发电平调节推拉电位器的状态均与频率测量时相同，信号由 A 输入端输入后，即可正常累计。计数过程中，若要观察瞬间测量结果，则可将 3 位拨动开关置保持位置，显示即为被测值，若需重新开始计数，则只需按一次复原键即可。

6. 插测

E-312A 型通用电子计数器直接测频的范围不宽，最高测量频率为 10MHz。当需要测量更高的频率时，要使用配套件中的内插件，对被测信号预定标（分频），以扩展测频范围。

前面板的功能选择模块中的 3 位拨动开关置中间位置，按下“插测”键，此时输入信号由内插件的输入插孔输入。根据不同的内插件，配合选择功能选择模块和闸门选择模块的各个按键，即可测量 10MHz 以上的频率，并予以显示频率值。

8.2　项目基本知识

知识点　通用电子计数器的工作原理

通用电子计数器指能完成频率测量、时间测量、计数等功能的电子测量仪器的通称。频率和时间是电工电子测量技术领域中最基本的参量，因此电子计数器是一类重要的电工电子测量仪器。

一、测量频率的工作原理

所谓频率，就是周期性信号在单位时间变化的次数。电子计数器是严格按照 $f=N/T$ 的定义进行测频的，其对应的测量频率的工作原理方框图如图 8-7 所示。从图中可以看出测量过程：输入待测信号经过脉冲形成电路形成计数的窄脉冲，时基单元产生计数闸门信号，待测信号通过闸门进入计数器计数，即可得到其频率。若闸门开启时间为 T，待测信号频率为 f_x，在闸门时间 T 内计数器计数值为 N，则待测频率为 $f_x=N/T$。

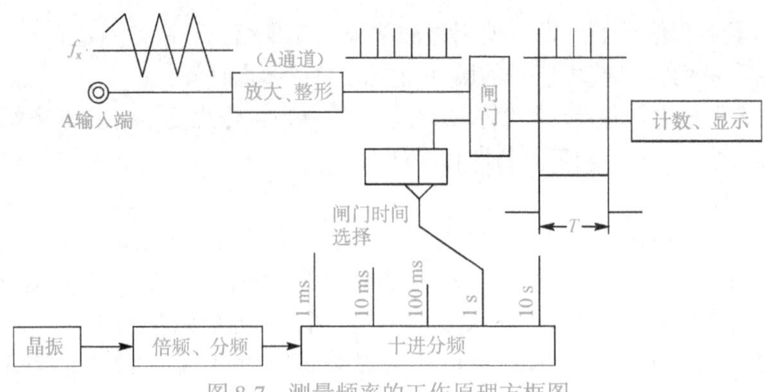

图 8-7 测量频率的工作原理方框图

假设闸门时间为 1s，计数器的值为 1000，则待测信号频率应为 1000Hz 或 1.000kHz，此时，测频分辨率为 1Hz。

二、测量周期的工作原理

由于周期和频率互为倒数，因此在测频的原理中对换一下待测信号和时基信号的输入通道就能完成周期的测量，其工作原理方框图如图 8-8 所示。

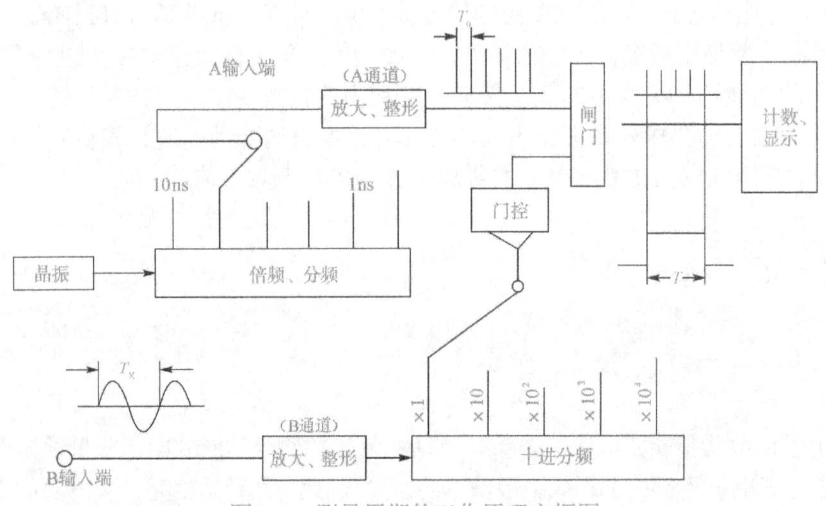

图 8-8 测量周期的工作原理方框图

待测信号 T_x 经过脉冲形成电路取出一个周期方波信号加到门控电路，若时基信号（也称为时标信号）周期为 T_0，电子计数器读数为 N，则待测信号周期的表达式为 $T_x = \dfrac{T \times T_0}{N}$。

三、测量频率比的工作原理

测量频率比的工作原理方框图如 8-9 所示。当 $f_A > f_B$ 时，被测信号 f_B 由 B 通道输入，经放大、整形后控制主门的启闭，门控信号的脉宽等于 B 通道输入信号的周期；而被测信号 f_A 由 A 通道输入，经放大、整形后作为计数脉冲，在主门开启时送至计数器计数。计数结果为 $N = \dfrac{T_B}{T_A} = \dfrac{f_A}{f_B}$。

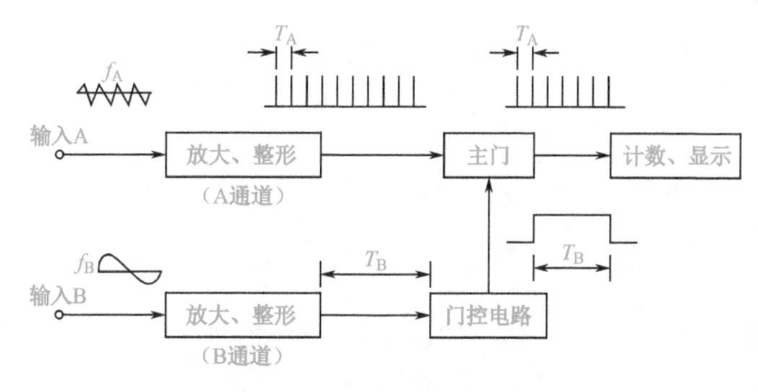

图 8-9　测量频率比的工作原理方框图

为了提高测量精确度，也可采用类似多周期的测量方法，即在 B 通道后加设分频器，对 f_B 进行 K_f 次分频，使主门开启的时间扩展 K_f 倍，于是 $N' = \dfrac{K_f T_B}{T_A} = K_f \dfrac{f_A}{f_B}$。

四、测量时间间隔的工作原理

测量时间间隔的工作原理方框图如图 8-10 所示。测量时间间隔时，利用 A、B 输入通道分别控制门控电路的启动和复原。在测量两个输入脉冲信号 u_1 和 u_2 之间的时间间隔（双线输入）时，将工作开关 S 置“分”的位置，把时间超前的信号加至 A 通道，用于启动门控电路，另一个信号加至 B 通道，用于使门控电路复原。

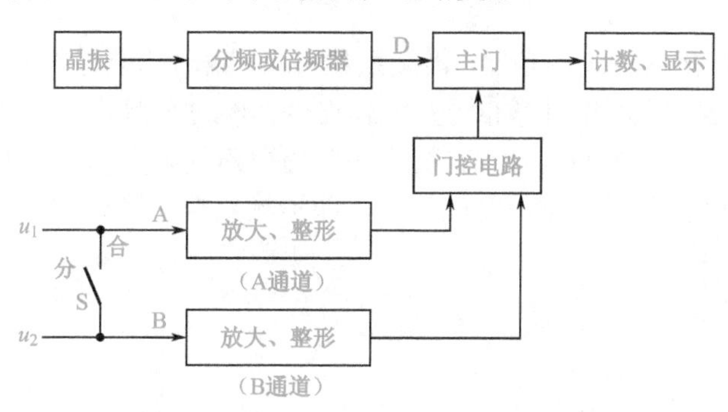

图 8-10　测量时间间隔的工作原理方框图

测量时，A 通道的输出脉冲较早出现，触发门控双稳开启主门，开始对时标信号 T_0（D 处信号）计数；较迟出现的 B 通道的输出脉冲使门控电路复原，关闭主门，停止对 T_0 计数。主门开启期间计数器的计数结果 N 与两个脉冲信号间的时间间隔 t_d 的关系为 $t_d=NT_0$。

五、累加计数的工作原理

累加计数是指在给定的时间内对输入的脉冲个数进行累计。累加计数的工作原理方框图如图 8-11 所示。

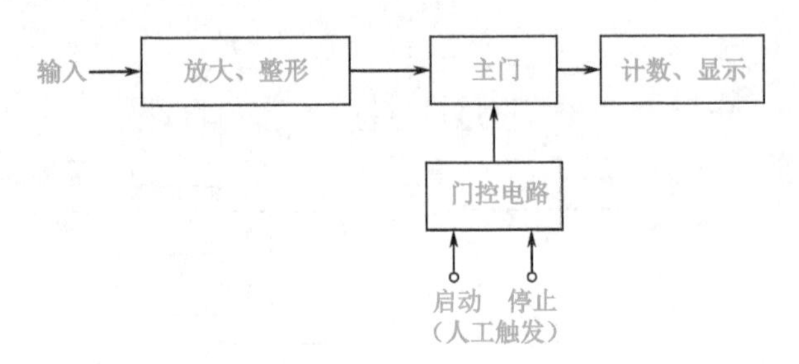

图 8-11 累加计数的工作原理方框图

六、自校的工作原理

在正式测量前，为了检验仪器工作是否正常，一般智能型电子计数器都设有自校功能。自校的工作原理方框图如图 8-12 所示。

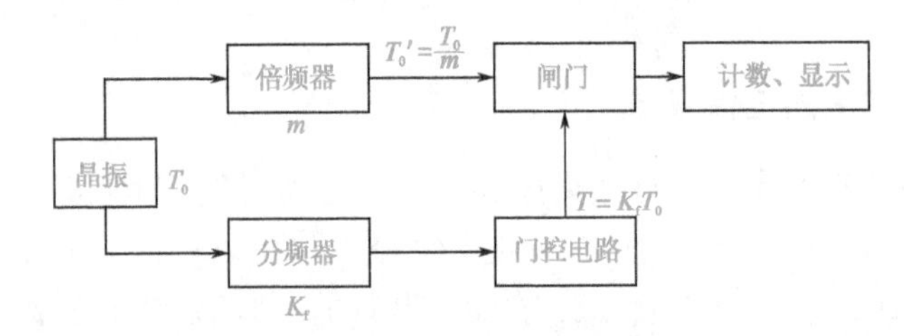

图 8-12 自校的工作原理方框图

自校时，晶体振荡器经过倍频器（倍频系数为 m）输出标准时间信号，即时标信号 T_0'，被用作通过闸门到达计数器的计数信号；晶体振荡器经过分频电路（分频系数为 K_f）输出的标准时间信号，即闸门时间信号 T，被用作门控电路的触发信号。此时，计数器的计数结果取决于所选的时标信号和闸门时间信号，即倍频系数 m 和分频系数 K_f，计数结果为 $N=\frac{T}{T_0'}=\frac{K_f T_0}{T_0/m}=K_f m$。

8.3 项目综合训练

技能训练 通用电子计数器的应用实例

一、技能训练目的

（1）熟悉并掌握通用电子计数器的前、后面板。

（2）掌握通用电子计数器的使用方法和注意事项。

（3）掌握利用通用电子计数器进行周期和脉宽的测量。

二、技能训练设备

彩色电视机 1 台、电视信号发生器 1 台、通用电子计数器 1 台、万用表 1 块、常用工具 1 套。

三、测量彩色电视机场、行扫描信号的技能训练

测量彩色电视机场、行扫描信号的线路连接图如图 8-13 所示。

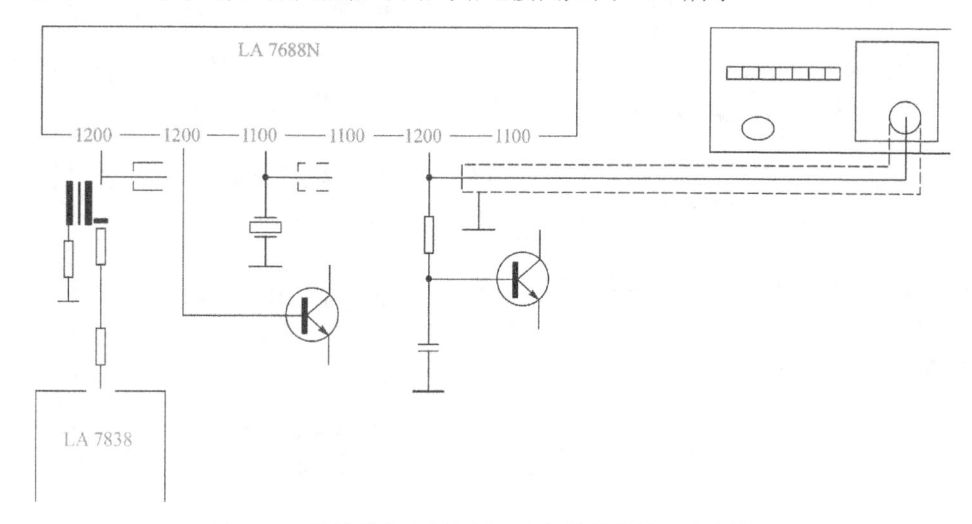

图 8-13　测量彩色电视机场、行扫描信号的线路连接图

1. 场振荡周期的测量

将仪器置于周期测量方式，选择周期倍乘 100，把场振荡输出信号接入 A 输入端口，调节 A 通道的触发电平，使其指示灯均匀闪亮，此时显示的读数即为场振荡周期。标准场振荡周期为 20ms。

2. 行振荡脉宽的测量

将仪器置于时间测量方式，使 A 输入信号为上升沿触发，触发选择置于“+”，使 B 输入信号为下降沿触发，触发选择置于“-”，把行振荡输出信号同时接入 A 端口和 B 端口，此时显示的读数即为行振荡脉冲宽度。正常行振荡脉冲宽度范围应为 18～20μs。

四、技能训练考评表

通过以上的技能训练练习，将技能训练考核内容认真做完，并且将考核评分填写到表 8-2 中。

表 8-2　技能训练考评表

考核项目	序　号	考核要求	配　分	评分标准	考核记录	得　分
通用电子计数器的使用方法	1	测量前的准备工作符合要求	10	通电预热不足扣 10 分		
	2	准确自校	10	不按照要求操作扣 10 分		
	3	熟悉通用电子计数器各控制件的功能和操作	10	不熟悉各控制件的功能每个扣 2 分，不熟悉各控制件的操作每个扣 2 分		

续表

考核项目	序号	考核要求	配分	评分标准	考核记录	得分
频率、周期、频率比的测量和计数	4	测量频率的方法正确	5	测量频率的方法不正确扣5分		
	5	被测信号的输入正确	5	被测信号的输入不正确扣5分		
	6	触发电平调至合适位置	5	不能将触发电平调至合适位置扣5分		
	7	测量周期的方法正确	5	测量周期的方法不正确扣5分		
	8	通道的分合正确	5	通道的分合不正确扣5分		
	9	测量频率比的方法正确	5	测量频率比的方法不正确扣5分		
	10	计数的方法正确	5	计数的方法不正确扣5分		
	11	准确记录测量数据于实训报告中	5	错误记录测量数据于实训报告中扣5分		
安全文明	12	安全操作	10	测量完毕不关所用仪器扣10分		
	13	清理现场	10	不按要求清理现场扣10分		
考核时间为50分钟	14	不延时	10	延时10分钟扣10分		
备注：					总分：	

项目评估检查

一、填空题

1. 电子计数器按其测量功能可以分为________、________、________、________、________、________、________。

2. 通用电子计数器测量前准备时，要进行________与________。

二、简答题

3. 简述通用电子计数器的组成。
4. 简述通用电子计数器测量周期及测量频率的工作原理。
5. 通用电子计数器的测量注意事项是什么？

三、操作题

6．利用函数信号发生器产生不同频率的信号，波形可分别为方波、正弦波、三角波，幅度为1～5V，用电子计数器对其进行测频，选择不同的闸门时间，对测量结果进行比较和分析。记录测量的频率值于表8-3中。

表8-3　方波、正弦波、三角波的频率测量

信号 闸门时间	25Hz	250Hz	2kHz	20kHz	200kHz	2MHz
1ms	不做	不做				
10ms	不做					
100ms						
1s						
10s						

提示：本实验中测量频率模式，闸门时间选用10s时，测量2MHz信号为什么会溢出？

7．利用函数信号发生器产生不同频率的信号，用电子计数器对其进行测周，时标选择为10MHz，幅度为2V，选择不同的周期倍乘，对测量结果进行比较和分析。记录测量的周期值于表8-4中。

表8-4　电子计数器对不同频率的周期测量

信号 周期倍乘	0.2s（5Hz）	20ms（50Hz）	2ms（500Hz）	0.2ms（5kHz）	20μs（50kHz）	2μs（0.5MHz）
0.1						
1						
10	不做					
100	不做	不做				
1000	不做	不做	不做			

提示：本实验中测量周期模式，周期倍乘选用10时，测量5Hz信号为什么会溢出？

8．利用函数信号发生器产生一个频率为60Hz、幅度为3V左右的方波信号，由虚拟电子计数器对其进行测周和测频，选择不同的时标频率，对测量结果进行比较和分析。记录测量的周期值和频率值于表8-5中。

表8-5　虚拟电子计数器周期和频率的测量

时标选择 项目	10MHz	1MHz	100kHz	10kHz	1kHz
频率					
周期					

四、项目评价评分表

9. 自我评价、小组互评及教师评价

评价项目	项目评价内容	分值	自我评价	小组互评	教师评价	得分
理论知识	① 了解通用电子计数器的工作原理	10				
	② 熟悉通用电子计数器 的使用方法	10				
	③ 了解通用电子计数器 的组成框图	10				
	④ 熟悉通用电子计数器各控制件的功能	10				
实操技能	① 熟悉通用电子计数器各控制件的操作	20				
	② 测量时方法正确	20				
	③ 被测信号的输入接线正确	5				
	④ 准确记录测量数据于实训报告中	5				
安全文明	① 安全操作	5				
	② 清理现场	5				

10. 小组学习活动评价表

班级：__________ 小组编号：__________ 成绩：__________

评价项目	评价内容及评价分值			自评	互评	教师评分
分工合作	优秀（12～15 分）	良好（9～11 分）	继续努力（9 分以下）			
	小组成员分工明确，任务分配合理，有小组分工职责明细表	小组成员分工较明确，任务分配较合理，有小组分工职责明细表	小组成员分工不明确，任务分配不合理，无小组分工职责明细表			
获取与项目有关质量、市场、环保等内容的信息	优秀（12～15 分）	良好（9～11 分）	继续努力（9 分以下）			
	能从网络等多种渠道获取信息，并能合理地选择信息、使用信息	能从网络等多种渠道获取信息，并能较合理地选择信息、使用信息	能从网络等多种渠道获取信息，但信息选择不正确，信息使用不恰当			
实际技能操作	优秀（16～20 分）	良好（12～15 分）	继续努力（12 分以下）			
	能按技能目标要求规范地完成每项实操任务	能按技能目标要求较规范地完成每项实操任务	能按技能目标要求完成每项实操任务，但规范性不够			
基本知识分析讨论	优秀（16～20 分）	良好（12～15 分）	继续努力（12 分以下）			
	讨论热烈，各抒己见，概念准确，原理思路清晰，理解透彻，逻辑性强，并有自己的见解	讨论没有间断，各抒己见，分析有理有据，思路基本清晰	讨论能够展开，分析有间断，思路不清晰，理解不透彻			

续表

评价项目	评价内容及评价分值			自评	互评	教师评分
成果展示	优秀（24～30分）	良好（18～23分）	继续努力（18分以下）			
	能很好地理解项目的任务要求，成果展示逻辑性强，熟练利用信息技术（电子教室网络、互联网、大屏等）进行成果展示	能较好地理解项目的任务要求，成果展示逻辑性较强，能较熟练利用信息技术（电子教室网络、互联网、大屏等）进行成果展示	基本理解项目的任务要求，成果展示停留在书面和口头表达，不能熟练利用信息技术（电子教室网络、互联网、大屏等）进行成果展示			
总分						

项目总结

电子计数器是电工电子测量中常用的一种仪器。通过对本项目的学习，我们可以了解电子计数器的组成及工作原理，掌握 E-312A 型通用电子计数器的使用方法，牢记电子计数器的使用注意事项，规范我们的操作规程，更好地使用电子计数器进行测量。

项目九

频谱分析仪的测量与使用

项目情境创设

无论你是一个电子设备或系统的设计制造工程师，还是一个电子设备或系统的现场维护修理人员，都需要一台能观察并帮助你分析设备或系统产生的电信号及能反应电信号通过设备或系统后频率特性发生变化的仪器，这就是频谱分析仪，如图 9-1 所示。

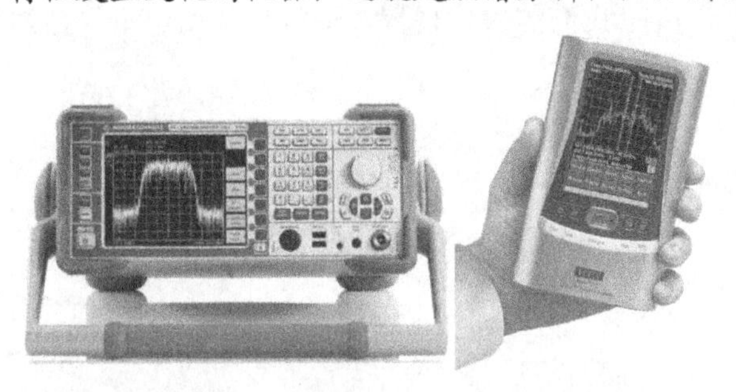

图 9-1　频谱分析仪的使用

项目学习目标

	学习目标	学习方式	学时
技能目标	① 熟练使用频谱分析仪 ② 掌握频谱分析仪的使用注意事项	理论讲授、实训操作	4
知识目标	① 了解频谱分析仪的功能 ② 理解频谱分析仪的组成和工作原理 ③ 了解频谱分析仪的主要性能指标	理论讲授、实训操作	2
情感目标	通过网络搜索查询认识各种频谱分析仪，了解频谱分析仪的使用方法，提高同学们对频谱分析仪使用重要意义的认识；通过小组讨论，培养获取信息的能力；通过相互协作，提高团队意识	网络查询、小组讨论、相互协作	课余时间

项目基本功

9.1 项目基本技能

技能 频谱分析仪的认知

频谱分析仪（简称频谱仪）是重要的频域测量仪器，可以对信号的频谱分布进行图示。

一、频谱分析仪的面板说明

1. 频谱分析仪的面板实物图和面板示意图

AT5010B 型频谱分析仪的面板实物图和面板示意图如图 9-2 所示。

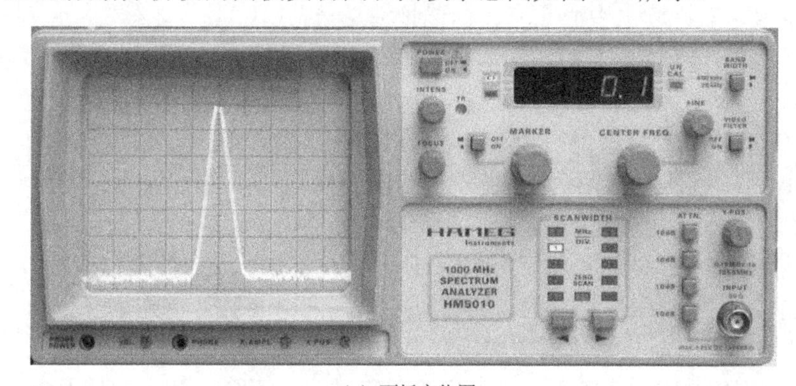

（a）面板实物图

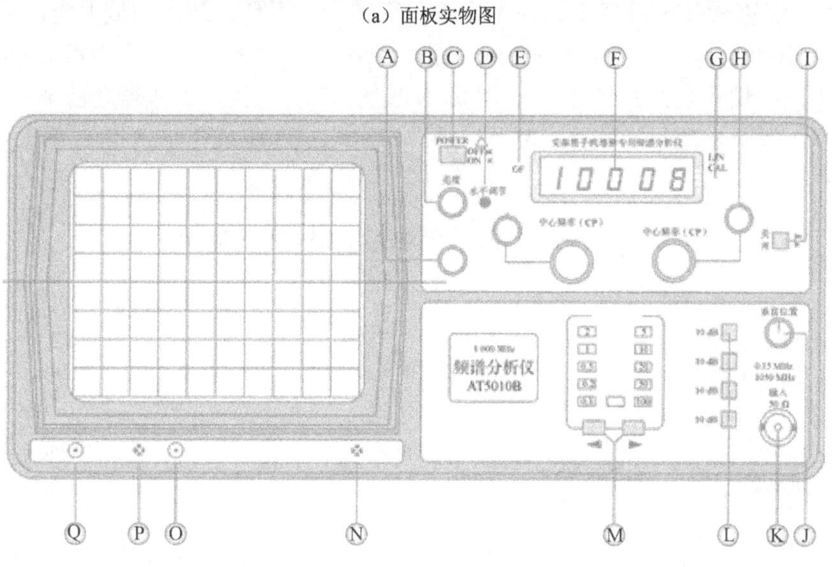

（b）面板示意图

图 9-2 AT5010B 型频谱分析仪的面板实物图和面板示意图

2. 频谱分析仪面板上各部分的功能

AT5010B 型频谱分析仪面板上各部分的功能介绍如下。

A. 聚焦：光点锐度调节。

B. 亮度：光点亮暗调节。

C. 电源：当电源打到通处，约 10s 后有光束出现。

D. 标记（仅对 AT5010/11）：当标记按钮置于 OFF（断）位置时，中心频率（CF）指示器发亮，此时显示器读出的是中心频率；当此按钮置于 ON（通）位置时，标记（MK）指示器发亮，此时显示器读出的是标记频率，该标记在屏幕上是一个尖峰，标记频率可用标记（MARKER）旋钮来调节，它可重合到一根谱线上。

E. 中心频率/标记（CF/MK）（仅对 AT5010/11）：当显示器读中心频率时，中心频率指示器亮，中心频率是指示波管上水平线的中心处的频率；当标记按钮在通时（ON），标记指示器亮，此时显示器读出标记处的频率。

F. 数字显示器：读出中心频率、标记频率之一。

G. 校准失效：LED 闪亮时，表示幅度值不正确。这是由于扫频宽度和滤波器的配合、中频滤波器设置不当而造成读出的幅度降低。这可能出现在相对于中频带宽（20kHz）或视频滤波器带宽（4kHz）来说扫频范围过大的情况下。

H. 中心频率粗/细调：两个旋钮都用于调节中心频率。中心频率是指显示在屏幕水平中心处的频率。

I. 视频滤波器：视频滤波器可用来降低屏幕上的噪声。它使得正常在平均噪声电平上或刚好高出它的信号（小信号）的谱线得以观察。该滤波器带宽是 4kHz。

J. Y 位移：调节射速垂直方向移动。

K. 频谱仪的 BNC50Ω 输入：在不用输入衰减时，不允许超出的最大允许输入电压为 ±25VDC 和+10dBmAC；当加上 40dB 最大输入衰减时，最大输入电压为+20dBm。

L. 衰减器：输入衰减器包括 4 个 10dB 衰减器，在进入第一混频器之前降低信号幅度。按键按下时，每个衰减器接入。衰减器选择、参考电平和基线电平（噪声电平）三者的配合如表 9-1 所示。

表 9-1 衰减器选择、参考电平和基线电平三者的配合

衰 减 器	参考电平（顶线）	基线电平（底线）
0dB	-27dBm 10mV	-107dBm
10dBm	-17dBm 31.6mV	-97dBm
20dBm	-7dBm 0.1V	-87dBm
30dBm	+3dBm 316mV	-77dBm
40dBm	+13dBm 1V	-64dBm

M. 扫频宽度选择：扫频宽度选择按键用来调节水平轴的每格扫频宽度，▶按键增加每格频宽，◀ 按键减少每格频宽。

N. X（频率）位置校零。

O. 耳机：3.5mm 耳机插孔，阻抗大于 16Ω 的耳机或扬声器可以连到这个输出插座。

当频谱仪对某一个谱线调谐好时可能有的音频会被解调出来。这是通过中频部分的调幅解调器实现的。它解调了任何调幅信号，也可提供（滤波器）单边调频信号的解调。输出有短路保护。

P. 音量：调节耳机输出的音量。

Q. 探头供电：输出+6V DC电压以使AZ530近场嗅觉探头工作。此电源为专用，其专用线随AZ530提供。

二、频谱分析仪的功能

频谱仪被誉为射频领域的示波器。现代频谱仪不仅具有传统的频谱分析功能，通过扩展选件，还集成功率计、频率计、标量/矢量网络分析仪、信号分析、通信测试仪等众多仪器的主要功能，拥有一台高性能频谱仪，即可完成大部分射频测试、信号分析功能。现代实时频谱仪的出现，进一步将频谱仪的应用领域扩展到快速变化的瞬态信号测试、宽实时带宽信号分析中。

频谱仪主要可以进行如下测试：相位噪声、脉冲信号、信道和邻道功率、正弦信号的绝对幅值和相对幅值、脉冲噪声、噪声和频率稳定度等参数的测量，调幅、调频、脉冲调幅等调制信号的特性测试，电磁兼容性（EMC）测试等。

9.2　项目基本知识

知识点一　频谱分析仪的基础知识

一、频谱分析仪的概述

一般，频谱分析仪有如下3种定义。

定义1：以频率的函数形式给出信号的振幅或功率分布的仪器。

定义2：能以模拟或数字方式显示信号频谱的仪器。

定义3：以模拟或数字方式显示信号频谱的仪器，它能够从频域来观察电信号的特性，分析的频率范围最低可到1Hz以下，最高可达亚毫米波段。

1. 频谱分析的基本概念

信号的概念广泛出现于各领域中，这里所说的信号均指电信号，一般可表示为一个或多个变量的函数。按照信号随时间变化的特点可分为：①确定信号与随机信号；②连续时间信号与离散时间信号；③周期信号与非周期信号。

2. 信号的分析

利用示波器观察某种信号的幅度随时间变化的关系称为时域测量，而研究信号的瞬时值与时间之间的关系称为时域分析，使用的仪器为示波器。通常用示波器来显示信号波形，这时以时间 t 作为水平轴，是在时间域内观察信号。图9-3（a）所示为周期信号的时域分析。

利用频谱仪，在某一个复杂信号中，分析各个信号成分与频率变化的关系称为频谱测量，研究信号中各频率分量的幅度与频率之间的关系称为频域分析。图9-3（b）和

图 9-3（c）所示为信号的频域分析。

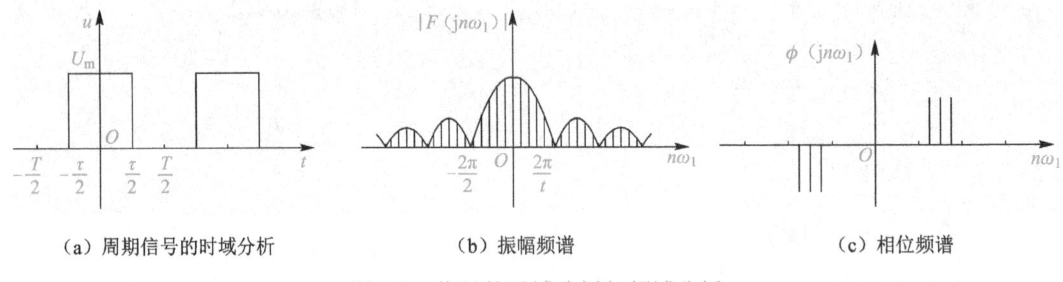

（a）周期信号的时域分析　（b）振幅频谱　（c）相位频谱

图 9-3　信号的时域分析与频域分析

信号的分析可以分为时域分析和频域分析，图 9-4 给出了时域分析和频域分析的关系。

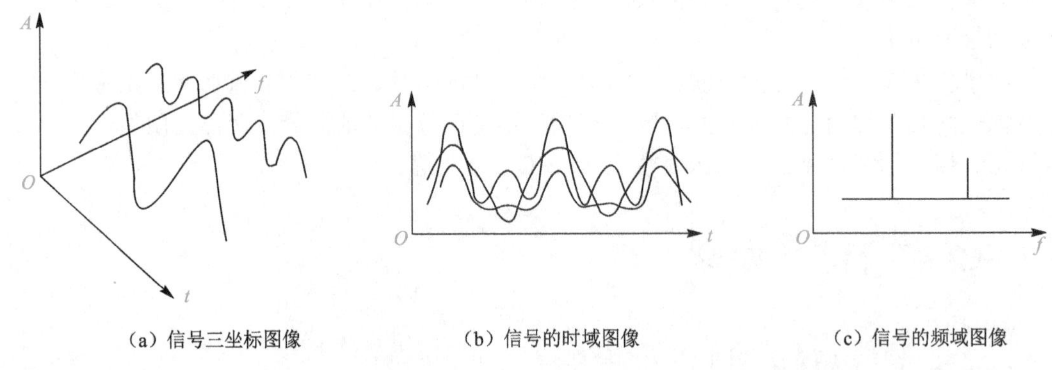

（a）信号三坐标图像　（b）信号的时域图像　（c）信号的频域图像

图 9-4　时域分析和频域分析的关系

部分常用周期电信号的时间波形与频谱图如表 9-2 所示。

表 9-2　部分常用周期电信号的时间波形与频谱图

信号类型	时间波形	频谱图
正弦波	$A=\sin\omega_0 t$；1；O；$\frac{T}{2}$；T；t；$T=\frac{2\pi}{\omega_0}$	A；1；O；ω_0；ω
方波	A；1；O；$\frac{T}{2}$；T；t；−1	$A[(2n-1)\omega_0]=\frac{4}{(2n-1)\pi}$；O；$\omega_0$；$2\omega_0$；$3\omega_0$；$4\omega_0$；$\omega$
三角波	A；1；O；$\frac{T}{2}$；T；t；−1	$A[(2n-1)\omega_0]=\frac{8}{(2n-1)^2\pi^2}$；O；$\omega_0$；$2\omega_0$；$3\omega_0$；$4\omega_0$；$\omega$

续表

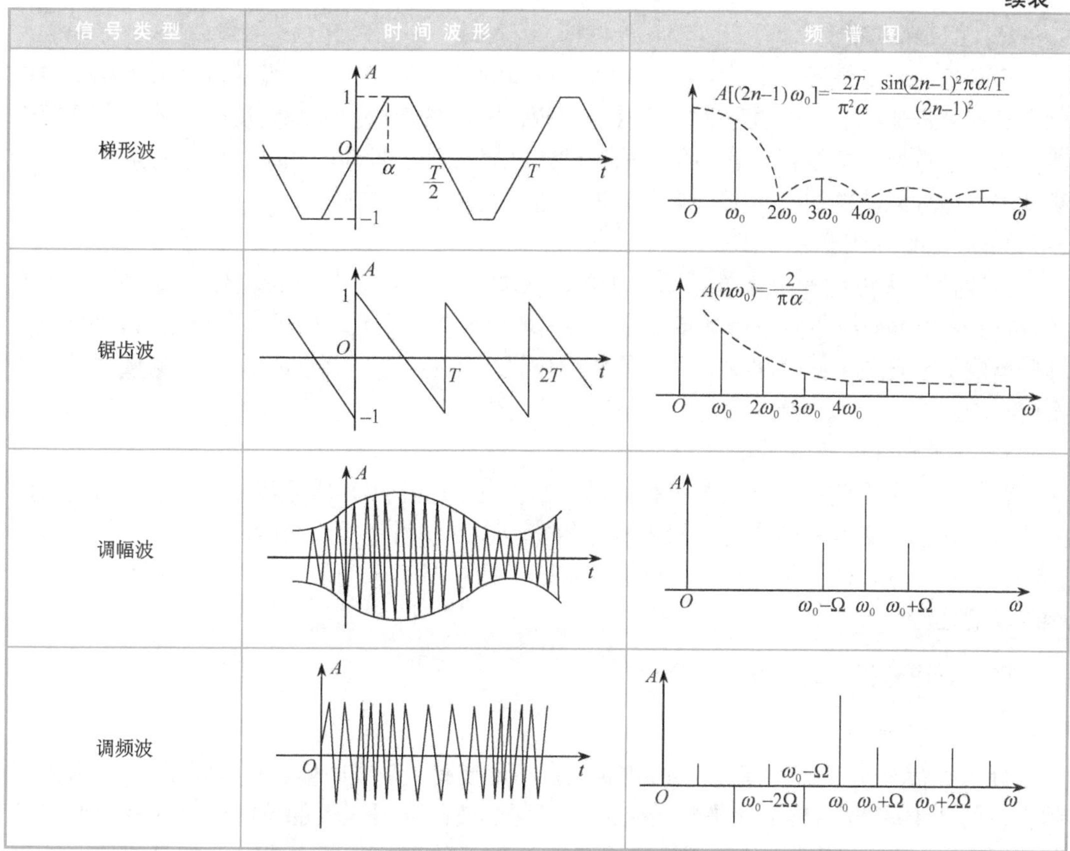

信号类型	时间波形	频谱图
梯形波		$A[(2n-1)\omega_0]=\frac{2T}{\pi^2\alpha}\frac{\sin(2n-1)^2\pi\alpha/T}{(2n-1)^2}$
锯齿波		$A(n\omega_0)=\frac{2}{\pi\alpha}$
调幅波		
调频波		

二、频谱分析仪的分类及分析的内容

1. 频谱分析仪的分类

（1）按照分析处理方法的不同，可分为模拟式频谱仪、数字式频谱仪和模拟/数字混合式频谱仪。

（2）按照基本工作原理的不同，可分为扫描式频谱仪和非扫描式频谱仪。

（3）按照处理的实时性，可分为实时频谱仪和非实时频谱仪。

（4）按照频率轴刻度的不同，可分为恒带宽分析式频谱仪和恒百分比带宽分析式频谱仪。

（5）按照输入通道数目的不同，可分为单通道频谱仪和多通道频谱仪。

（6）按照工作频带的高低，可分为高频、射频、低频等频谱仪。

2. 信号频谱分析的内容

信号的频谱分析包括对信号本身的频率特性分析，如对幅度谱、相位谱、能量谱、功率谱等进行测量，从而获得信号在不同频率上的幅度、相位、功率等信息；还包括对线性系统非线性失真的测量，如测量噪声、失真度、调制度等。

三、频谱分析仪的应用范围

除了完成幅度谱、功率谱等一般的测量功能外，频谱仪还能够用于对相位噪声、邻道功率、非线性失真度、调制度等频域参数进行测量。

1. 相位噪声测量

信号源的确定性频率变化具有性质确定的变化规律或变化量，而随机性频率变化的相位不稳定度是随机的，故被称为相位噪声。相位噪声是本振短期稳定度的表征，也是频谱纯度的一个重要度量指标。它通常会引起波形在零点处的抖动，在时域中不易辨别，而在频域中表现为载波的边带，所以常在频域内进行测量。

2. 脉冲信号测量

脉冲信号是雷达和数字通信系统中的一类重要信号，它的测量比连续波形的测量困难。如果采用窄分辨带宽进行频谱测量，将呈现出离散的谱线；如果采用较宽的分辨带宽，这些谱线就会连成一片。可见，不同的频谱仪设置可能对同一个脉冲信号的测量结果产生不同影响。

3. 信道和邻道功率测量

模拟、数字无线移动通信系统在复用频段上都有几个相邻的无线通信信道。为确保用户的正常通信，必须避免在各频段上没有相邻信道的发射干扰。因此，有必要对邻近信道的功率进行限定，使其绝对功率（单位为 dBm）或相对于传输信道的相对功率不致大到影响传输的地步。

四、频谱分析仪的主要性能指标

1. 分辨率带宽

分辨率带宽指分辨频谱中两个相邻分量之间的最小谱线间隔，单位是 Hz，定义为幅频特性的 3dB 带宽。它指的是频谱仪能够把两个彼此靠得很近的等幅信号在规定低点处分辨开来的能力。在频谱仪屏幕上看到的被测信号的谱线实际上是一个窄带滤波器的动态幅频特性图形，因此分辨力取决于这个幅频特性的带宽，定义这个窄带滤波器幅频特性的 3dB 带宽为频谱仪的分辨率带宽。图 9-5 所示为用 3 种分辨率带宽滤波器测量的图像载波幅度。

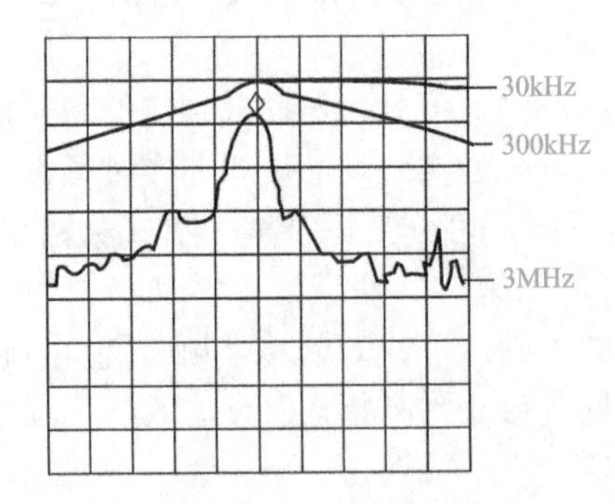

图 9-5 用 3 种分辨率带宽滤波器测量的图像载波幅度

2. 输入频率范围

输入频率范围指频谱仪能够正常工作的最大频率区间，以 Hz 表示该范围的上限和下限，由扫描本振的频率范围决定。

3. 灵敏度

灵敏度指在给定分辨率带宽、显示方式和其他影响因素下，频谱仪显示最小信号电平的能力，以 dBm、dBμ、dBV、V 等单位表示。

4. 动态范围

动态范围指能以规定的准确度测量同时出现在输入端的两个信号之间的最大差值。动态范围的上限受到非线性失真的制约。频谱仪的动态范围一般在 60dB 以上，有时甚至达到 100dB 以上。

5. 频率扫描宽度

一般，频率扫描宽度有分析谱宽、扫宽、频率量程、频谱跨度等不同叫法。频率扫描宽度通常指频谱仪显示屏幕最左和最右垂直刻度线内所能显示的响应信号的频率范围（频谱宽度），根据需要自动调节或人为设置。

6. 扫描时间

扫描时间指进行一次全频率范围的扫描并完成测量所需的时间，也称分析时间。通常，扫描时间越短越好，但为保证测量精度，扫描时间必须适当。

7. 幅度测量精度

幅度测量精度有绝对幅度精度和相对幅度精度两种。绝对幅度精度是针对满刻度信号的指标，受输入衰减、中频增益、分辨率带宽、刻度逼真度、频响及校准信号本身的精度等的综合影响；相对幅度精度与测量方式有关，在理想情况下仅有频响和校准信号精度两个误差来源，其测量精度可以达到非常高。

8. 1dB 压缩点和最大输入电平

在动态范围内，因输入电平过高而引起的信号增益下降 1dB 时的点称为 1dB 压缩点。1dB 压缩点表明了频谱仪过载能力，通常出现在输入衰减 0dB 的情况下，由第一混频决定。输入衰减增大，1dB 压缩点的位置将同步增高。

为避免非线性失真，所显示的最大输入电平（参考电平）必须位于 1dB 压缩点之下。最大输入电平反映了频谱仪可正常工作的最大限度，它的值一般由通道中第一个关键元器件决定。

知识点二　频谱分析仪的组成和工作原理

一、频谱分析仪的组成和总的工作原理

超外差式频谱仪是目前应用最广泛的一种频谱仪，它利用无线电接收机中普遍使用的自动调谐方式，通过改变本地振荡器的频率来捕获欲接收信号的不同频率分量。其频率变换原理与超外差式收音机的变频原理完全相同，只不过将扫频振荡器用作本振，所以也称为扫频超外差式频谱仪，在高频段扫频超外差式频谱仪占据优势地位。

超外差式频谱仪的组成框图如图 9-6 所示。其信号分析过程为：被测信号经过滤波器和衰减器后，和本振信号进入混频器混频转换成中频信号，因为本振信号频率可变，所以都可以被转换成固定中频，经放大后进入中频滤波器（中心频率固定），然后进入一个对数放大器，对中频信号进行压缩，然后进行包络检波，所得信号即为视频信号。为了平滑

显示，在包络检波器之后通过可调低通滤波器（即视频滤波器），视频信号在阴极射线管内垂直偏转，即显示出该信号的幅度。

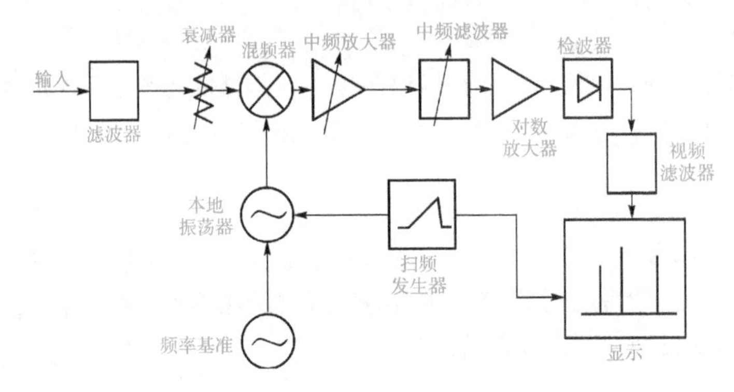

图 9-6　超外差式频谱仪的组成框图

二、频谱分析仪各部分电路的工作原理

1. 衰减器

衰减器主要有 3 个作用。

（1）保护频谱仪不受损坏：测量高电平信号时，为了避免烧坏频谱仪，必须对信号进行衰减。

（2）提高测量的准确性：混频器是非线性器件，当混频器输入信号的电平较高时，输出会产生许多杂波，而且电平太高会干扰测量结果，使无互调范围减小。

（3）增大频谱仪的动态范围：通过设置步进衰减器调节进入混频器的电平，可以得到较大的动态范围。

2. 混频器

混频器的作用就是将输入高频信号转换成中频信号。由于混频器是非线性器件，输出会有很多频率成分：$mf_{RF}\pm nf_{LO}$。但我们需要的是 $f_{LO}-f_{RF}$。

混频方式有两种：基波混频和谐波混频。基波混频是输入信号的基波混频，而谐波混频是通过本振信号的谐波来混频，谐波混频会造成相对高的转换损耗。

3. 中频放大器

输入信号经过了前置衰减器，电平降低，为了恢复信号幅值，补偿输入衰减器的变化，在混频后对中频信号进行放大。在放大有用信号的同时，噪声和干扰信号也被同时放大。

4. 中频滤波器

中频信号经放大后，经过中频滤波器，中频滤波器是一个带通滤波器，它选出需要的混频分量，抑制掉其他不需要的信号。中频滤波器的带宽决定了频谱仪的分辨率带宽。

根据频谱仪类型的不同，中频滤波器有模拟滤波器、数字滤波器和 FFT 滤波器 3 种。

（1）模拟滤波器

模拟滤波器用来实现大的分辨率带宽。一般频谱仪为 4 级滤波电路，也有 5 级滤波电路产品，这样可分别得到 14 和 10 的波形因子，然而理想的高斯滤波器的波形因子为 4.6。

波形因子即带宽选择性（简称选择性）。在实际测量中，经常会遇到这种情形，两个频率接近的信号幅度不等，大信号形成的响应曲线掩盖了小信号，使小信号丢失，所以很多公司产品提供了滤波器3dB带宽，表示等幅正弦信号频率相差多少时仍能将它们区分开，这样的合成响应曲线仍有两个峰值，中间下沉大约3dB，如图9-7所示。

$$选择性=BW_{3dB} / BW_{60dB}$$

（2）数字滤波器

通过数字滤波器可以获得很窄的带宽。和模拟滤波器相比，理想的高斯滤波器可以实现。数字滤波器在可接受的价格内有更好的选择性。例如，5级模拟滤波器的波形因子为10，高斯滤波器为4.6。

（3）FFT滤波器（傅里叶滤波器）

如果单纯为了测量精度而设置非常窄的分辨率带宽，则会造成无法容忍的长时间扫描，因此在非常高的分辨率的情况下建议采用FFT滤波器，从时域特性计算频谱，如图9-8所示，采用FFT滤波器时，频率非常高的信号不能通过A/D直接采样，必须经过与本振混频变为中频并在时域对带通信号取样。

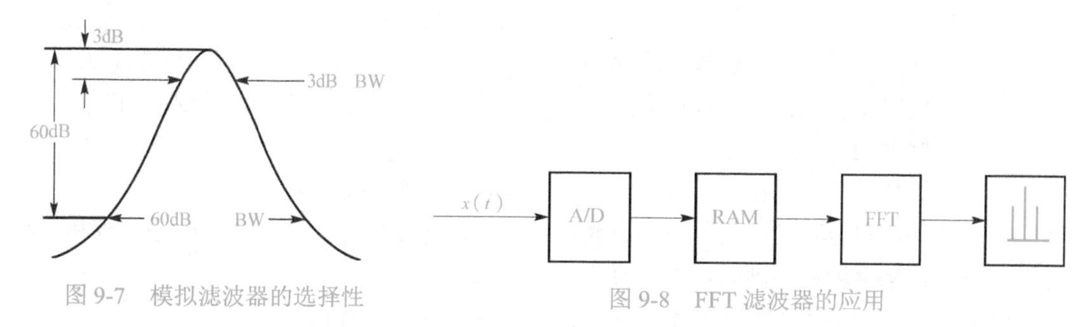

图9-7　模拟滤波器的选择性　　图9-8　FFT滤波器的应用

5. 对数放大器和检波器

检波器之前有一个对数放大器，对数放大器按照对数函数来压缩信号电平（对于输入电压幅度 u，输出电压幅度为本振 gu），这大大减小了由检波器所检测的信号电平变化，而同时向用户提供校准用分贝读数的对数垂直刻度。在频谱仪中，由于信号电平大幅度变化，故需要采用对数刻度。

6. 视频滤波器

视频滤波器在包络检波器之后，视频滤波器决定了视频带宽。视频滤波器是第一级低通设置，用于从视频信号中滤除噪声，平滑轨迹使显示结果稳定。图9-9和图9-10所示分别为滤波前、后的情况。

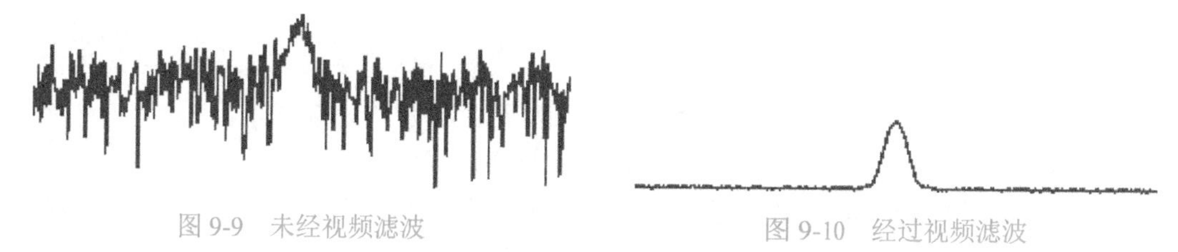

图9-9　未经视频滤波　　图9-10　经过视频滤波

7. 锯齿波发生器、本振和显示

锯齿波发生器既控制显示器上曲线的位置，又控制曲线的频率，所以可以通过校准，用显示器的水平轴来表示输入信号频率。任何振荡器都不是绝对稳定的，而是在一定程度上被随机噪声调频或调相的。YIG 振荡器经常被用作本振，也有一些频谱仪采用压控振荡器作为本振，其调节范围较小，但较 YIG 振荡器调节起来更快。为了提高频谱仪的频率精度，本振信号可以是合成信号，也就是说，本振经锁相环锁定在参考信号上。

9.3 项目综合训练

技能训练 频谱分析仪的使用与测量实例

一、频谱分析仪的使用

频谱分析仪在使用过程中需要注意以下几点原则。

（1）扫频宽度的选择：根据被观测的信号频谱宽度选择。

（2）带宽的选择：应与扫频宽度相当。

（3）扫频速度的选择：扫频速度的选择以获得较高的动态分辨率为准则；同时，应合理处理与分析时间的矛盾。

（4）频谱仪和被测仪器都必须可靠接地，操作员要带接地手环。

（5）在 DC 耦合下，所测的信号不允许包含直流电压成分，否则会导致频谱仪工作状态发生变化，幅度测量不准确，甚至会烧毁混频管。

（6）频谱仪的最大输入功率不能超过最大允许值（+30dBm）。

（7）在进行测量时，所选用的频谱仪的阻抗应与被测对象的阻抗一致。否则，会因失配而影响幅度测量的准确度。

如图 9-11 所示，有 5 种放置频谱仪的方法，其中 C、D、E 3 种方法能够以最佳角度读取频谱仪屏幕上的数据。

二、频谱分析仪的测量实例

用频谱分析仪测量手机的射频信号比较方便。例如，测量信号发生器所产生的 10MHz 正弦波时，可按以下方法进行。

所用仪器：YB1610 函数信号发生器 1 台、YB43020B 型示波器 1 台、AT5010B 型频谱仪 1 台、探针 3 个。

操作步骤如下。

（1）打开频谱仪，调节亮度和聚焦旋钮，使屏幕上显示的光迹清晰。

（2）调节扫频宽度选择按键，使 1MHz 指示灯亮。

（3）调节中心频率粗/细调旋钮，使频标位于屏幕中心位置，所指频率为 10MHz。

（4）将频谱仪探头与频谱仪探针相连，接地分别相连，有脉冲图像出现在 10MHz 频标位置，如图 9-12 所示。

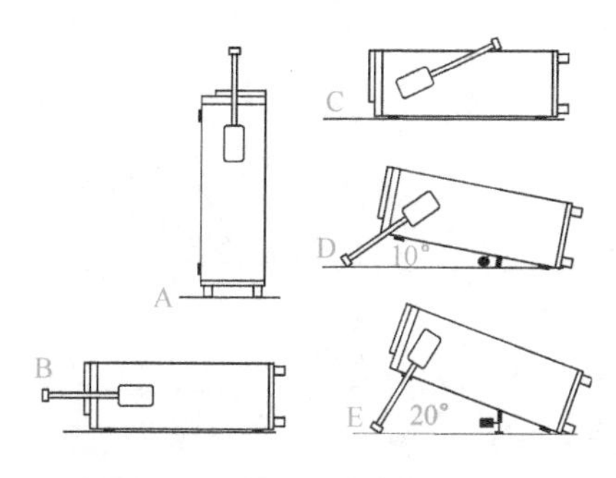

图 9-11　5 种放置频谱仪的方法

图 9-12　正弦波的频谱

三、技能训练考评表

通过以上的技能训练练习，将技能训练考核内容认真做完，并且将考核评分填写到表 9-3 中。

表 9-3　技能训练考评表

考核项目	序号	考核要求	配分	评分标准	考核记录	得分
频谱分析仪的使用方法	1	频谱分析仪测量前的准备工作符合要求	10	不能够正确做好测量前的准备工作扣 10 分		
	2	熟悉频谱分析仪各控制件的功能和操作	10	不熟悉各控制件的功能每个扣 2 分，不熟悉各控制件的操作每个扣 2 分		
	3	打开频谱分析仪，调节亮度和聚焦旋钮，使屏幕上显示的光迹清晰	10	不能熟练操作完成扣 10 分		
实际测量	4	根据被观测的信号频谱宽度选择扫频宽度和带宽	5	选择不正确扣 5 分		
	5	粗调、细调正确	10	粗调或细调不正确扣 5 分		
	6	被测信号的输入正确	5	被测信号的输入不正确扣 5 分		
	7	测量线路接线正确	5	接线不正确扣 5 分		
	8	频标的选择正确	10	选择不正确扣 10 分		
	9	准确记录测量数据于实训报告中	5	错误记录测量数据于实训报告中扣 5 分		
安全文明	10	安全操作	10	测量完毕不关所用仪器扣 10 分		
	11	清理现场	10	不按要求清理现场扣 10 分		
考核时间为 50 分钟	12	不延时	10	延时 10 分钟扣 10 分		
备注：					总分：	

项目评估检查

一、填空题

1. 按照基本工作原理的不同，频谱分析仪可分为__________式频谱仪和__________式频谱仪。

2．频谱测量——利用频谱仪，在某一个复杂信号中，分析各个__________的关系。频域分析——研究信号中各频率分量的__________之间的关系。

3．频谱仪除了完成__________、__________等一般的测量功能外，还能够用于对__________、__________、__________、__________等频域参数进行测量。

4．分辨率带宽指的是频谱仪能够把__________彼此靠得很近的__________信号在规定低点处分辨开来的能力。

二、简答题

5．按照信号随时间变化的特点划分，信号可分为哪几类？

6．画出频谱仪的组成框图。

7．频谱仪的主要性能指标有哪些？

8．简述频谱仪的使用方法。

三、操作题

9．用频谱仪测试电视接收机的彩色电视机高频头频谱特性。

四、项目评价评分表

10．自我评价、小组互评及教师评价

评价项目	项目评价内容	分值	自我评价	小组互评	教师评价	得分
理论知识	① 了解频谱分析仪的工作原理	10				
	② 熟悉频谱分析仪的使用方法	10				
	③ 了解频谱分析仪的组成框图	10				
	④ 熟悉频谱分析仪各控制件的功能	10				
实操技能	① 熟悉频谱分析仪各控制件的操作	20				
	② 测量时方法正确	20				
	③ 被测信号的输入接线正确	5				
	④ 准确记录测量数据于实训报告中	5				
安全文明	① 安全操作	5				
	② 清理现场	5				

13．小组学习活动评价表

班级：＿＿＿＿＿＿＿＿＿＿　小组编号：＿＿＿＿＿＿＿＿＿＿　成绩：＿＿＿＿＿＿＿＿＿＿

评价项目	评价内容及评价分值			自评	互评	教师评分
分工合作	优秀（12～15 分）	良好（9～11 分）	继续努力（9 分以下）			
	小组成员分工明确，任务分配合理，有小组分工职责明细表	小组成员分工较明确，任务分配较合理，有小组分工职责明细表	小组成员分工不明确，任务分配不合理，无小组分工职责明细表			
获取与项目有关质量、市场、环保等内容的信息	优秀（12～15 分）	良好（9～11 分）	继续努力（9 分以下）			
	能从网络等多种渠道获取信息，并能合理地选择信息、使用信息	能从网络等多种渠道获取信息，并能较合理地选择信息、使用信息	能从网络等多种渠道获取信息，但信息选择不正确，信息使用不恰当			
实际技能操作	优秀（16～20 分）	良好（12～15 分）	继续努力（12 分以下）			
	能按技能目标要求规范地完成每项实操任务	能按技能目标要求较规范地完成每项实操任务	能按技能目标要求完成每项实操任务，但规范性不够			
基本知识分析讨论	优秀（16～20 分）	良好（12～15 分）	继续努力（12 分以下）			
	讨论热烈，各抒己见，概念准确，原理思路清晰，理解透彻，逻辑性强，并有自己的见解	讨论没有间断，各抒己见，分析有理有据，思路基本清晰	讨论能够展开，分析有间断，思路不清晰，理解不透彻			
成果展示	优秀（24～30 分）	良好（18～23 分）	继续努力（18 分以下）			
	能很好地理解项目的任务要求，成果展示逻辑性强，熟练利用信息技术（电子教室网络、互联网、大屏等）进行成果展示	能较好地理解项目的任务要求，成果展示逻辑性较强，能较熟练利用信息技术（电子教室网络、互联网、大屏等）进行成果展示	基本理解项目的任务要求，成果展示停留在书面和口头表达，不能熟练利用信息技术（电子教室网络、互联网、大屏等）进行成果展示			
总分						

项目总结

频谱分析仪是对无线电信号进行测量的必备仪器，是从事电子产品研发、生产、检验的常用工具。通过对本项目的学习，我们可以了解频谱仪的分类、组成及工作原理，掌握频谱仪的使用方法。

项目十

扫频仪的测量与使用

项目情境创设

在各种电路测试中，常常需要对频率特性进行测试，什么是频率特性呢？具体说，它可以指放大器（某个系统或网络）的放大性能与输入信号的依从关系，这种关系也称为幅频特性。能对频率特性进行观测的仪器是频率特性测试仪，简称扫频仪，如图 10-1 所示。它是一种能在示波管屏幕上直接显示被测电路幅频特性曲线的图示测量仪器。

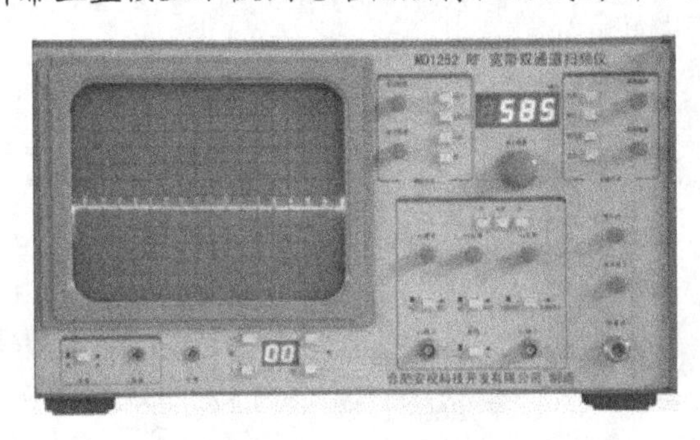

图 10-1　双通道扫频仪

项目学习目标

学习目标		学习方式	学时
技能目标	① 熟练使用扫频仪 ② 掌握扫频仪的使用注意事项 ③ 熟悉频谱分析仪和扫频仪的区别和联系	理论讲授、实训操作	4
知识目标	① 了解扫频仪的功能 ② 理解扫频仪的组成和工作原理 ③ 了解扫频仪的主要性能指标	理论讲授、实训操作	2
情感目标	通过网络搜索查询认识各种扫频仪，了解扫频仪的使用方法，提高同学们对扫频仪使用重要意义的认识；通过小组讨论，培养获取信息的能力；通过相互协作，提高团队意识	网络查询、小组讨论、相互协作	课余时间

项目基本功

10.1　项目基本技能

技能一　扫频仪的认知

若一个正弦信号的频率在一定范围内随时间按一定规律反复连续变化，则这个过程称为扫频，这个频率扫动的正弦信号称为扫频信号，利用扫频信号的测量称为扫频测量。它在频域内对元器件、电路或系统的特性进行动态测试，图示其动态频率特性曲线。

一、扫频仪的面板说明

1. 扫频仪的面板实物图和面板示意图

BT-3 型扫频仪的面板实物图和面板示意图如图 10-2 所示。

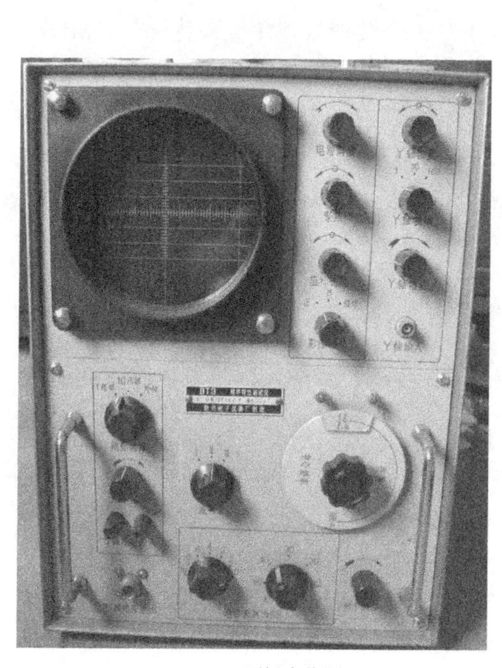

（a）面板实物图

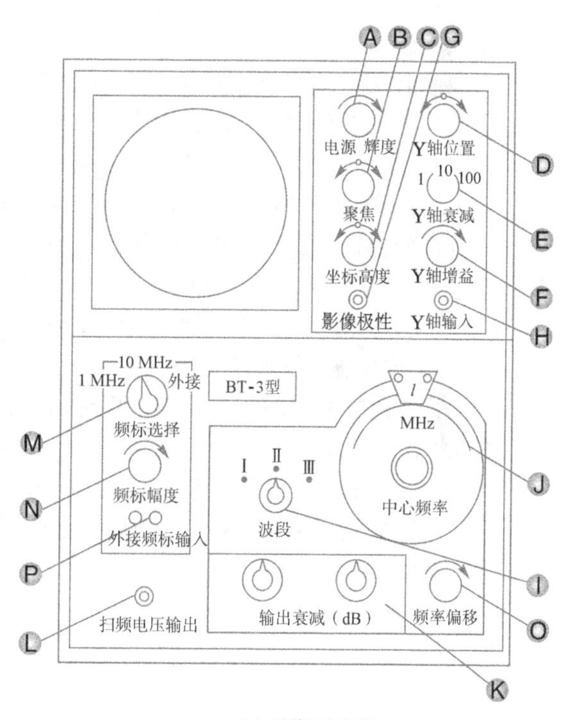

（b）面板示意图

图 10-2　BT-3 型扫频仪的面板实物图和面板示意图

2. 扫频仪面板上各部分的功能

（1）显示部分

A．电源、辉度旋钮：该控制装置是一个带开关的电位器，兼电源开关和辉度旋钮两种作用。顺时针旋动此旋钮，即可接通电源，继续顺时针旋动，屏幕上显示的光点或图形亮度增加。使用时亮度宜适中。

B．聚焦旋钮：调节屏幕上光点细小圆亮或亮线清晰明亮，以保证显示波形的清晰度。

C．坐标亮度旋钮：在屏幕的 4 个角上，装有 4 个带颜色的指示灯泡，使屏幕的坐标尺度线显示明了。旋钮从中间位置向顺时针方向旋动时，屏幕上两个对角位置的黄灯亮，屏幕上出现黄色的坐标线；从中间位置向逆时针方向旋动时，另两个对角位置的红灯亮，显示出红色的坐标线。黄色坐标线便于观察，红色坐标线利于摄影。

D．Y 轴位置旋钮：调节屏幕上光点或图形在垂直方向上的位置。

E．Y 轴衰减开关：有 1、10、100 三个衰减挡级，根据输入电压的大小选择适当的衰减挡级。

F．Y 轴增益旋钮：调节显示在屏幕上图形垂直方向幅度的大小。

G．影像极性开关：用来改变屏幕上所显示的曲线波形正负极性。当开关在“+”位置时，波形曲线向上方向变化（正极性波形）；当开关在“-”位置时，波形曲线向下方向变化（负极性波形）。当曲线波形需要正、负方向同时显示时，只能将开关在“+”和“-”位置往复变动，才能观察曲线波形的全貌。

H．Y 轴输入插座：由被测电路的输出端用电缆探头引接此插座，使输入信号经垂直放大器，便可显示出该信号的曲线波形。

（2）扫描部分

I．波段开关：输出的扫频信号按中心频率划分为 3 个波段（第 I 波段为 1～75MHz，第 II 波段为 75～150MHz，第 III 波段为 150～300MHz），可以根据测试需要来选择波段。

J．中心频率刻度盘：能连续地改变中心频率。刻度盘上所标定的中心频率不是十分准确，一般是采用边调节刻度盘边看频标移动的数值来确定中心频率位置。

K．输出衰减（dB）开关：根据测试的需要，选择扫频信号的输出幅度大小。按开关的衰减量来划分，可分粗调、细调两种。粗调：0、10、20、30、40、50、60（dB）。细调：0、2、3、4、6、8、10（dB）。粗调和细调衰减的总衰减量为 70dB。

L．扫频电压输出插座：扫频信号由此插座输出，可用 75Ω 匹配电缆探头或开路电缆来连接，引送到被测电路的输入端，以便进行测试。

（3）频标部分

M．频标选择开关：有 1MHz、10MHz 和外接 3 挡。当开关置于 1MHz 挡时，扫描线上显示 1MHz 的菱形频标；置于 10MHz 挡时，扫描线上显示 10MHz 的菱形频标；置于外接时，扫描线上显示外接信号频率的频标。

N．频标幅度旋钮：调节频标幅度大小。一般幅度不宜太大，以观察清楚为准。

O．频率偏移旋钮：调节扫频信号的频率偏移宽度。在测试时可以调整适合被测电路的通频带宽度所需的频偏。顺时针方向旋动时，频偏增宽，最大可达±7.5MHz 以上；反之则频偏变窄，最小在±0.5MHz 以下。

P．外接频标输入接线柱：当频标选择开关置于外接频标挡位时，外来的标准信号发生器的信号由此接线柱引入，这时在扫描线上显示外接频标信号的标记。

二、扫频仪的主要性能指标

1. 扫频信号

（1）扫频线性：扫频信号频率与扫描电压之间线性相关的程度。

（2）扫频宽度：扫频宽度又称频偏，用 Δf 来表示（$\Delta f = f_{max} - f_{min}$）。

（3）中心频率：f_0=（f_{max}+f_{min}）/2。

（4）扫频信号的寄生调幅系数：由于各种原因，扫频信号存在寄生调幅是在所难免的，为了保证测量的准确度，寄生调幅通常控制在百分之几以内。

（5）稳定性：扫频中心频率和扫频范围作为信号源的频率指标，应具有足够的稳定性。

（6）扫频信号电压：扫频信号发生器的输出电压以有效控制值计，应满足被测电路处于线性工作状态的要求。

（7）输出阻抗：为了配合被测电路，扫频仪扫频信号输出阻抗一般选择 75Ω。

（8）输出衰减：BT-3C 型扫频仪的输出衰减器有两个，7×10dB 旋钮，每步进一位衰减 10dB 电平；10×1dB 旋钮，每步进一位衰减 1dB 电平。

2. 频标

BT-3C 型扫频仪有 1MHz、10MHz、50MHz 及外接频标 4 种。其中，1MHz 和 10MHz 为组合显示，其余两种为分别显示。

3. 探头

BT-3C 型扫频仪本机携带两种连接电缆，一种带探头（内装检波器），另一种是不带探头的同轴电缆连线。探头输入电容≤5pF（最大允许直流电压不超过 300V）。

4. 示波器

显示部分垂直灵敏度不低于 1mV/cm。示波管有效面积为 100cm×80cm（矩形）。显示图像沿垂直方向可在屏幕上移动。

5. 电源

仪器使用电源频率为 50Hz±5%，电压为 220V±10%，消耗功率不大于 40W。电源与机壳之间的绝缘电阻在额定使用范围内不大于 100MΩ。

技能二　扫频仪的使用

一、扫频仪的应用范围

扫频仪的应用范围极广，如低频电声响应测量，广播通信中发送设备与接收机的测量，雷达监视设备、导航设备、微波地面中继通信设备、卫星通信设备、电视发射系统和电视接收机的测量，以及声表面波器件和微波元器件的测量等。可以进行测试的项目很多，如放大器的带宽、增益及损耗，滤波器的带宽和插入损耗，天线的阻抗匹配，雷达中放增益和动态范围，电视机高频调谐器、公共中频通道、视频放大器、伴音鉴频器的增益和带宽，电视发射台、差转台的频率特性和相位特性，调频（调幅）广播的频率特性和调制特性等。

扫频仪应用的频率范围较宽，可以从超低频直至微波频段。它的使用频段可以大致分成：超低频（0.2～200Hz）、低频（50Hz～100kHz）、高频（0.1～30MHz）、超高频（10～500MHz）、甚高频（300MHz～1.5GHz）、微波（1GHz 以上）。

二、电路幅频特性的测试

1. 测试方法

在进行测试前检查的基础上，进行幅频特性的测试。

（1）根据被测电路指标规定的中心频率值，选择适当的波段开关挡级和调节中心频率刻度盘。

（2）按图 10-3 所示电路连接被测电路和扫频仪。若被测电路是不带检波器的四端网络，将输出匹配电缆接到仪器的扫频电压输出插座，电缆的另一端接到被测电路的输入端，将输入电缆的一端接到仪器的 Y 轴输入插座，另一端（检波探头）接到被测电路的输出端。若被测电路是带有检波器的四端网络，则不用探测器，而用输入电缆线直接将被测对象的检波输出接到本仪器的 Y 轴输入插座。

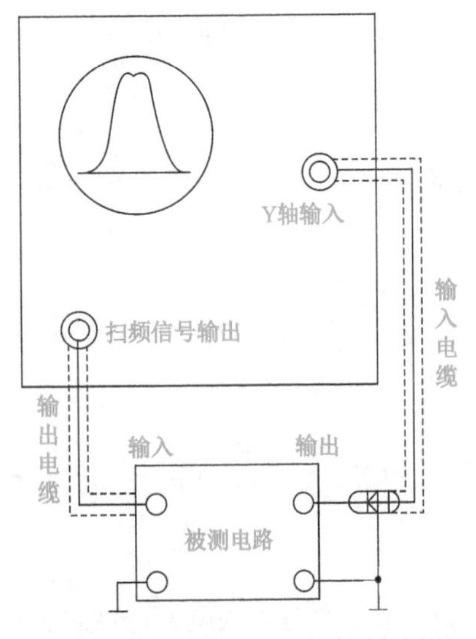

图 10-3 测试电路幅频特性的连接图

（3）选择适当的输出衰减（dB）开关挡级，并适当调节 Y 轴增益旋钮。

（4）选择测试所需的频标选择开关挡级，并适当调节频标幅度旋钮。

（5）根据扫频仪屏幕上所显示的幅频特性曲线和面板控制装置，进行定量读数。根据频标，可以直接读出幅频特性曲线的频率值。如果测读的频率不在频标上，则可根据相邻两个频标之间占据的水平距离进行粗略的估算。若要精确测量频率，则可采用外接频标信号。

2．注意事项

（1）扫频仪与被测电路相连接时，必须考虑阻抗匹配问题。若被测电路的输入阻抗为 75Ω，则应采用终端开路的输出电缆线；若被测电路的输入阻抗很大，则应采用终端接有 75Ω 的输出电缆线，否则应采用阻抗匹配转换的措施。

（2）若被测电路内部带有检波器，则不应再用检波探头电缆，而直接用开路电缆与仪器相连。

（3）在显示幅频特性时，若发现图形有异常的曲折，则表示被测电路有寄生振荡，应在测试前予以排除。

（4）测试时，输出电缆和检波探头的接地线应尽量短些，切勿在检波探头上加接导线（也不应另外加接地线）。

三、调谐放大器的测试

以一个中频放大器为例，它的性能指标如下：中心频率为 30MHz，频带宽度为 6MHz，增益大于 50dB，特性曲线顶部呈双峰曲线，平坦度小于 ldB。

1．调整方法

开机预热，调节辉度、聚焦，使图形清晰，基线与扫描线重合，频标显示正常。波段开关置于 I 位置，中心频率为 30MHz，频偏约为±5MHz，扫频电压输出插座接带 75Ω 的匹配电缆，Y 轴输入插座接检波器电缆，把以上两根电缆探头直接相连。将 Y 轴衰减开关置于 1 挡，Y 轴增益旋钮旋至最大位置，调节输出衰减（dB）开关使曲线呈矩形，且其幅度为 5 大格，记下输出衰减的分贝数。

2．测试线路

测试时，可按图 10-3 所示连接线路，但输出电缆探头接一个 510pF 左右的隔直电容，再接到中频放大器的输入端，引入这个隔直电容的目的，是防止影响放大器电路的偏置电压；带检波器电缆探头经 1kΩ 隔离电阻接于中频放大器的输出端，有这个隔离电阻可以减小检波器的输入电容对调谐频率的影响。

3. 测试方法

将 Y 轴衰减开关置于 10 挡（相当于衰减 20dB），输出粗调衰减开关置于 40dB 挡级，再来调节输出细调衰减开关，使波形曲线高度为 5 大格，记下总分贝数。若总分贝数为 42dB，则电压总增益=42+20−12=50（dB）。调节中频放大器的有关元器件，使波形曲线达到性能指标，频率特性曲线如图 10-4 所示。

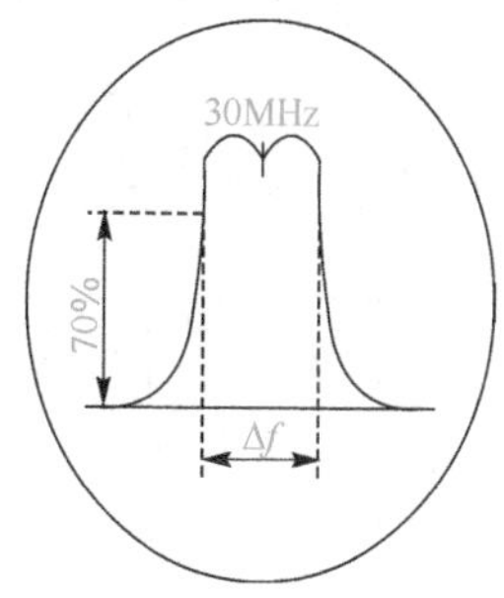

图 10-4　频率特性曲线

四、使用方法与技巧

1. 电缆探头的选择

仪器配有检波输入、开路输入、匹配输出和开路输出 4 根测量用电缆探头。电缆线的阻抗为 75Ω，它们的一端都有插头，接到扫频仪的 Y 轴输入插座或扫频电压输出插座上；另一端则不相同。各种电缆探头电路如图 10-5 所示。这些探头的用途各不相同，使用时应予以区别。

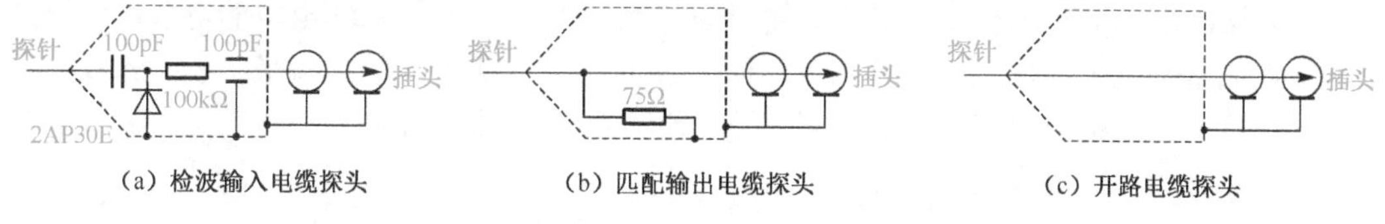

图 10-5　各种电缆探头电路

（1）输入电缆探头的选择：若被测网络的输出端有检波器（如电视接收机的图像中放），则应选用开路输入电缆探头；若被测网络的输出端不带检波器（如电视接收机的视放级），则必须使用带检波探头的输入电缆。

（2）输出电缆探头的选择：若被测网络的输入阻抗为 75Ω，则应选用开路输出电缆探头；若被测网络的输入阻抗为高阻抗，则应选用匹配输出电缆探头，否则，由于不匹配，将使扫频仪的输出减小，并带来误差。

2. 测试前的检查

（1）测试准备。仪器接通电源，预热 10min 后，调好辉度和聚焦，便可对仪器进行检查。

（2）频标的检查。将频标选择开关置于 1MHz 或 10MHz 挡，扫描基线上应呈现若干个菱形频标信号，调节频标幅度旋钮，可以均匀地改变频标的大小。

（3）频偏的检查。将频率偏移旋钮由最小旋到最大时，屏幕上呈现的频标数应满足 ±0.5～±7.5MHz 连续可调。

（4）输出扫频信号频率范围的检查。仪器的扫频信号频率覆盖范围（中心频率覆盖范围）应达到 1～300MHz，3 个波段的衔接应有适当余量。检查时将仪器输入端接上检波输入电缆，仪器输出端接上 75Ω 的匹配电缆，直接连接这两根电缆探头，Y 轴增益旋钮调整得当，屏幕上即显示出理想的矩形曲线（由于等幅的扫频信号经检波后的输出为直流电压，因此在屏幕上显示出一个矩形曲线)。这时，将频标增益放在适当位置，频标选择放在10MHz处，在各个波段上转动中心频率刻度盘，屏幕上显示的矩形曲线会出现一个凹陷点。这个凹陷点就是扫频信号的零频率点（这是由于示波器的垂直放大器在零频率点增益明显下降造成的)。以此为起点检查第Ⅰ波段的频率范围，然后再顺次检查第Ⅱ波段和第Ⅲ波段的频率范围。检查时，用 10MHz 的频标，当每个波段在转动中心频率刻度盘时，其频标通过屏幕中心线的个数应达到以下要求：第Ⅰ波段频标为 8 个，频率范围为 1～75MHz；第Ⅱ波段频标为 9 个，频率范围为 75～150MHz；第Ⅲ波段频标为 15 个，频率范围为 150～300MHz。

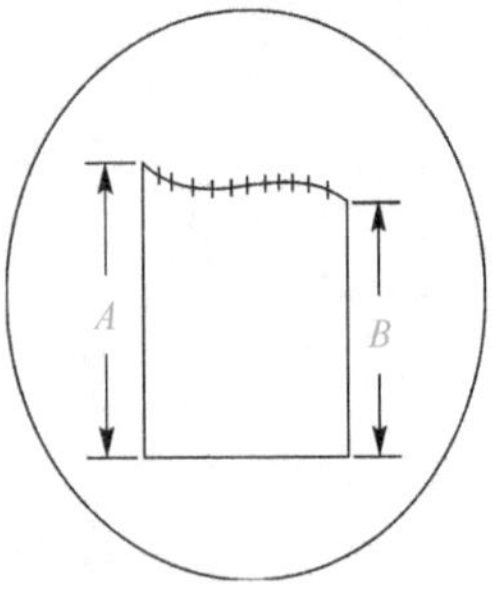

图 10-6　矩形波

（5）输出扫频信号寄生调幅的检查。同频率范围的检查项。将粗、细调衰减开关均置于 0dB 挡级，调节 Y 轴增益旋钮，使屏幕上显示的矩形具有适当的高度。在规定的±7.5MHz 频偏下，观察屏幕上的矩形，如图 10-6 所示。根据测得矩形的最大高度 A 和最小高度 B，即可计算扫频信号的寄生调幅系数为

$$M（\%）=[(A-B)/(A+B)]\times 100\%$$

要求在整个频段范围内，$M \leqslant \pm 7.5\%$。按此指标分别检查第Ⅰ、Ⅱ、Ⅲ波段。

（6）仪器输出电压的检查。在仪器输出插座上插入终端接有 75Ω 电阻的电缆，用超高频毫伏表测量其电缆输出电压，其有效值应大于 100mV。在没有超高频毫伏表时，直接从仪器上也可检查，检查时将 Y 轴衰减开关置于 10 挡，Y 轴增益旋钮旋至最大，屏幕上矩形高度只要大于 20mm 即符合要求。

10.2　项目基本知识

知识点　扫频仪的基础知识

一、扫频仪的概述

扫频仪把调频和扫频技术相结合（调频信号称为扫频信号 u_C），扫频信号经过被测电路的作用变成具有幅频特性的包络信号 u，再经过检波探测器检出其包络轨迹，故能显示频率与幅度关系的曲线，一般用于测试网络的幅频特性。

频率特性包括幅频特性曲线和相频特性曲线，相频特性曲线用得比较少。一般，若无特殊说明，特性曲线即指幅频特性曲线。在图 10-7 和图 10-8 中 u_Ω 为调制信号，u_C 为载波信号即扫频信号，u 为包络信号。

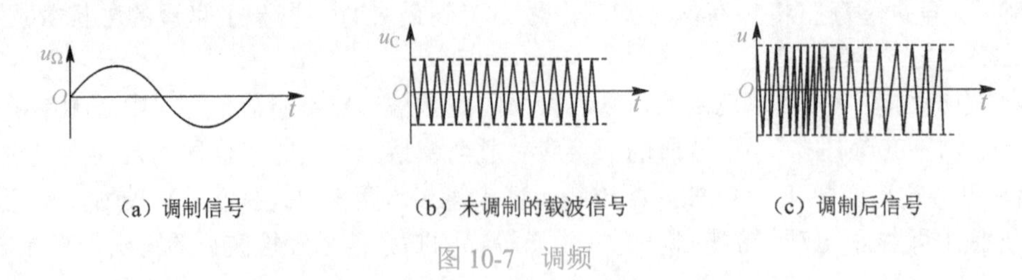

(a) 调制信号　　(b) 未调制的载波信号　　(c) 调制后信号

图 10-7　调频

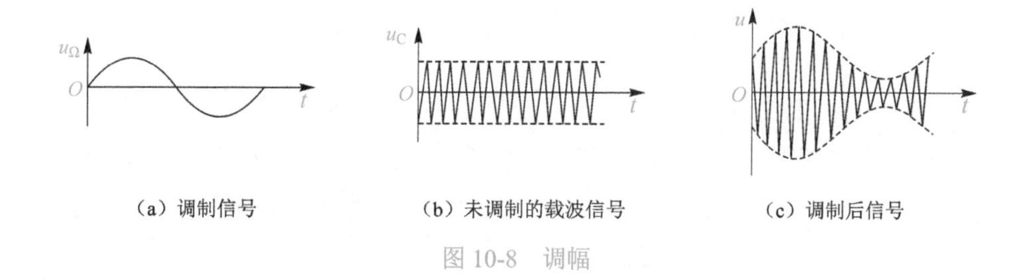

（a）调制信号　（b）未调制的载波信号　（c）调制后信号

图 10-8　调幅

1．点频法

点频法是对被测设备电路的幅频特性测试最早的方法，如图 10-9 所示，又称为描点法。信号发生器送出的信号幅度始终保持不变，从频率低端按一定的频率间隔输出信号，信号通过被测电路后，在电压表或示波器上可以逐一得到对应的数值，把这些数值记下来，一直达到所需测试的频率高端为止，最后把这些数值用坐标纸画出来（坐标横轴表示频率，纵轴表示幅度），得到的坐标曲线就是幅频特性曲线，如图 10-10 所示。

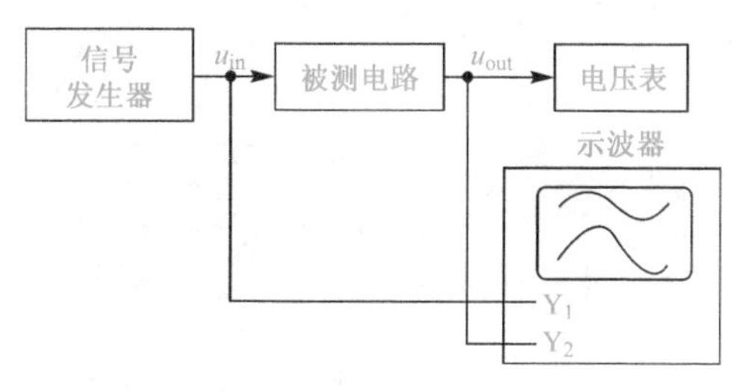

图 10-9　点频法的原理图

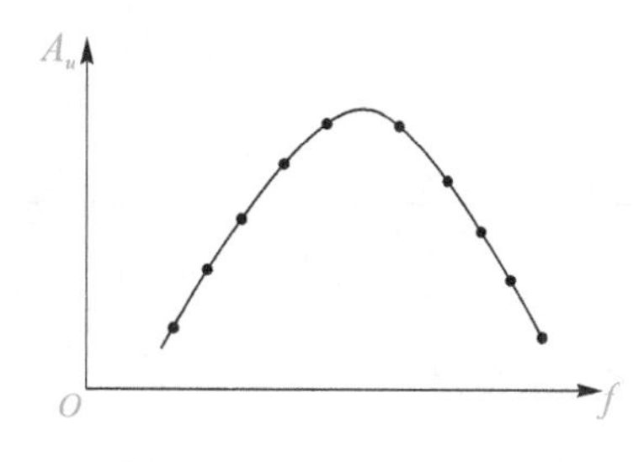

图 10-10　幅频特性曲线

2．扫频法

扫频法是利用一个扫频信号发生器取代了点频法中的正弦信号发生器，用示波器取代了点频法中的电压表组成的专用测试电路幅频特性的方法。

频率扫描方式可以分为两种：一种是分析滤波器的频率响应在频率轴上扫描；另一种为差频式频谱分析法。差频式频谱分析法是固定分析滤波器的响应频率，用扫频信号与被测信号在混频器里差频，再通过滤波器和测试电路进行分析，如图 10-11 所示。这是扫频仪最常采用的分析方法。

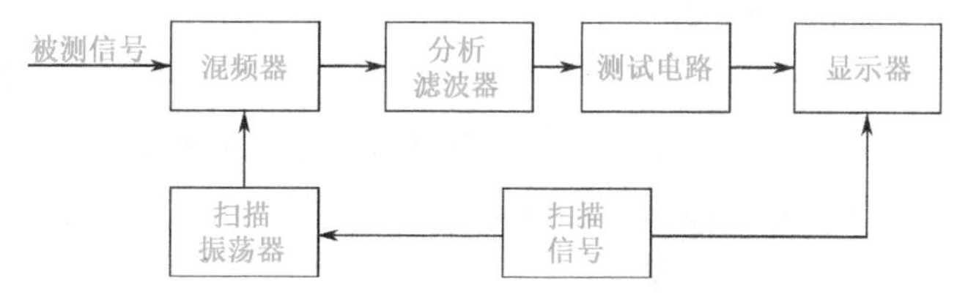

图 10-11　差频式频谱分析法

扫频法是将等幅扫频信号加至被测电路的输入端，然后用示波器来显示信号通过被测电路后振幅的变化。由于扫频信号的频率是连续变化的，在示波器屏幕上可直接显示出被测电路的幅频特性。扫频法测试电路幅频特性的连接图如图 10-12 所示。

扫描电压发生器既为示波器 X 轴提供扫描信号，又用来控制等幅振荡的频率，使其产生按扫描规律频率从低到高周期性重复变化的扫频信号输出。扫频信号加至被测电路，其输出电压由峰值检波器检波，以反映输出电压随频率变化的规律。

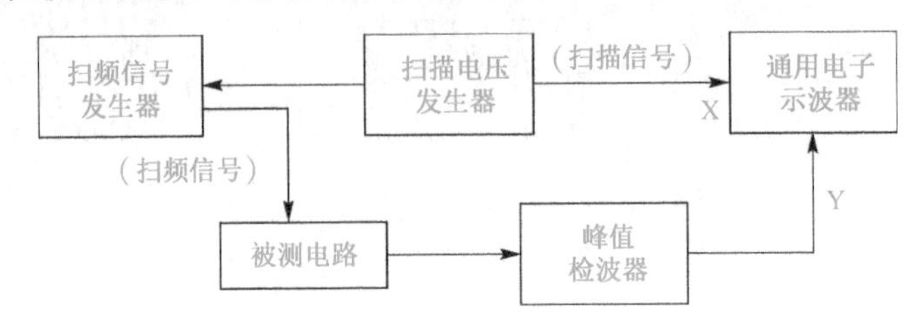

图 10-12 扫频法测试电路幅频特性的连接图

二、扫频仪的组成和工作原理

1. 扫频仪的组成

扫频仪包括 4 个部分：扫频信号发生器、频率标记发生器、放大显示电路和电源，如图 10-13 所示。

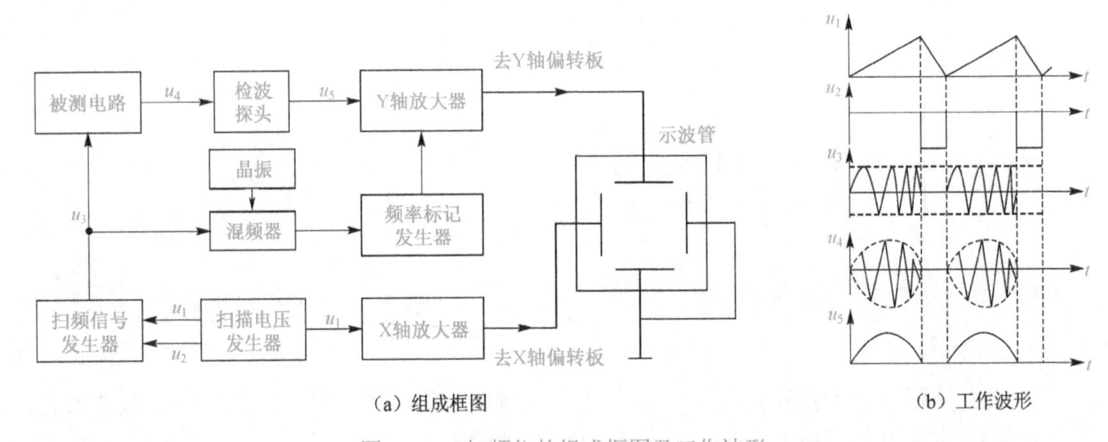

（a）组成框图 （b）工作波形

图 10-13 扫频仪的组成框图及工作波形

（1）扫频信号发生器

它是扫频仪的关键部分，产生频率按一定规律变化的扫频信号，它的振荡频率受扫描电压发生器所产生的扫描电压调制，又称作调频信号发生器。

（2）频率标记（频标）发生器

它用一定形式的标记对扫频测试中所得到的图形的频率轴进行定标，即利用频标来确定图形上任意点的频率值。在用扫频仪测试被测电路时，除了显示被测电路的幅频特性曲线外，还应当准确指出曲线上任意点所对应的频率值，这个功能是由频率标记发生器所产生的频标信号来完成的。产生频标的方法主要有 4 种：差频法、电压比较法、吸收法及选频法。

（3）显示部分

显示部分包括扫描信号发生器、垂直放大器和示波管等，具体原理与示波器内部结构类似。

2. 扫频仪的工作原理

如图 10-13 所示，扫描电压发生器产生的扫描电压既加至 X 轴，又加至扫频信号发生器，使扫频信号的频率变化规律与扫描电压一致，从而使得每个扫描点与扫频信号输出的频率有一一对应的确定关系。扫描信号的波形可以是锯齿波，也可以是正弦波，因为光点的水平偏移与加至 X 轴的电压成正比，即光点的偏移位置与 X 轴上所加电压有确定的对应关系，而扫描电压与扫频信号的输出瞬时频率又有一一对应关系，故 X 轴相应地成为频率坐标轴。扫频信号加至被测电路，检波探头对被测电路的输出信号进行峰值检波，并将检波所得信号送往示波器 Y 轴电路，该信号的幅度变化正好反映了被测电路的幅频特性，因而在屏幕上能直接观察到被测电路的幅频特性曲线。

10.3 项目综合训练

技能训练　示波器、扫频仪和频谱分析仪的综合应用实训

一、技能训练目的

（1）熟悉并掌握示波器的使用，弄明白其与频谱分析仪的本质区别。

（2）掌握扫频仪的使用方法和注意事项。

（3）掌握利用频谱分析仪与扫频仪分析信号频谱的区别。

二、技能训练设备

函数信号发生器、示波器、频谱分析仪、扫频仪。

三、用机内校正信号对示波器进行自检

1. 扫描基线调节

将示波器的显示方式开关置于单踪显示，输入耦合方式开关置于 GND，触发方式开关置于“自动”。开启电源开关后，调节亮度、聚焦等旋钮，使荧光屏上显示一条细且亮度适中的扫描基线。然后调节 X 轴位移和 Y 轴位移，使扫描基线位于屏幕中央，并且能上下左右移动自如。

2. 测量校正信号波形的幅度、频率

将示波器的校正信号通过专用电缆线引入选定的 Y 通道，将 Y 轴输入耦合方式开关置于 AC 或 DC，触发源选择开关置于“内”，内触发源选择开关置于 CH2。调节 X 轴扫描速率选择开关和 Y 轴灵敏度选择开关，使示波器荧光屏上显示出一个或数个周期稳定的方波波形。

将灵敏度微调旋钮置“校准”位置，灵敏度选择开关置于适当位置，读取校正信号幅度，记入表 10-1。

表 10-1　测试表

	标准值	实测值
幅度 U_{p-p}（V）		
频率 f（kHz）		

注：不同型号示波器标准值有所不同，请按所使用示波器将标准值填入表格。

四、用示波器测量波形的幅度、周期和频率及用频谱分析仪测试幅频特性

利用函数信号发生器产生不同的波形（三角波、矩形波、正弦波），用示波器测量波形的幅度、周期和频率，用频谱分析仪测试幅频特性，完善表10-2、表10-3、表10-4。

表10-2 三角波

信号电压频率	示波器测量			频谱分析仪测试
	幅度	周期（ms）	频率（Hz）	幅频特性曲线
100kHz				
1MHz				
10MHz				

表10-3 矩形波

信号电压频率	示波器测量			频谱分析仪测试
	幅度	周期（ms）	频率（Hz）	幅频特性曲线
100kHz				
1MHz				
10MHz				

表10-4 正弦波

信号电压频率	示波器测量			频谱分析仪测试
	幅度	周期（ms）	频率（Hz）	幅频特性曲线
100kHz				
1MHz				
10MHz				

五、分别用频谱分析仪及扫频仪测试幅频特性

利用函数信号发生器产生不同的波形（三角波、矩形波、正弦波），分别用频谱分析仪及扫频仪测试幅频特性，完善表10-5、表10-6、表10-7。

表10-5 三角波

信号电压频率	频谱分析仪测试幅频特性曲线	扫频仪测试幅频特性曲线
100kHz		
1MHz		
10MHz		

表 10-6　矩形波

信号电压频率	频谱分析仪测试幅频特性曲线	扫频仪测试幅频特性曲线
100kHz		
1MHz		
10MHz		

表 10-7　正弦波

信号电压频率	频谱分析仪测试幅频特性曲线	扫频仪测试幅频特性曲线
100kHz		
1MHz		
10MHz		

六、技能训练考评表

通过以上的技能训练练习，将技能训练考核内容认真做完，并且将考核评分填写到表 10-8 中。

表 10-8　技能训练考评表

考核项目	序号	考核要求	配分	评分标准	考核记录	得分
扫频仪的使用方法	1	扫频仪测试前的检查工作符合要求	10	不能够正确做好测试前的检查工作扣 10 分		
	2	熟悉扫频仪各控制件的功能和操作	10	不熟悉各控制件的功能每个扣 2 分，不熟悉各控制件的操作每个扣 2 分		
幅频特性测试	3	调整方法正确	15	调整方法不正确扣 15 分		
	4	被测信号的输入正确	5	被测信号的输入不正确扣 5 分		
	5	测试线路接线正确	10	接线不正确扣 10 分		
	6	测试方法正确	15	测试方法不正确扣 15 分		
	7	准确记录测试数据于实训报告中	5	错误记录测试数据于实训报告中扣 5 分		
安全文明	8	安全操作	10	测试完毕不关所用仪器扣 10 分		
	9	清理现场	10	不按要求清理现场扣 10 分		
考核时间为 50 分钟	10	不延时	10	延时 10 分钟扣 10 分		
备注：					总分：	

项目评估检查

一、填空题

1．扫频仪包括 4 个部分：__________、__________、__________和__________。

2．扫频仪应用的频率范围较宽，可以从__________直至__________。它的使用频段可以大致分成：__________、__________、__________、__________、__________、__________。

二、简答题

3．频谱仪与扫频仪的区别是什么？

4．画出扫频仪的组成框图。

5．何为扫频法？它与点频法的区别是什么？

6．扫频仪的使用注意事项有哪些？

7．简述扫频仪的使用方法。

8．扫频仪的主要性能指标有哪些？

三、操作题

9．用 BT-3 型扫频仪测试电视接收机的高频通道第三中放输出曲线。

四、项目评价评分表

10．自我评价、小组互评及教师评价

评价项目	项目评价内容	分值	自我评价	小组互评	教师评价	得分
理论知识	① 了解扫频仪的工作原理	10				
	② 熟悉扫频仪的使用方法	10				
	③ 了解扫频仪的组成框图	10				
	④ 熟悉扫频仪各控制件的功能	10				
实操技能	① 熟悉扫频仪各控制件的操作	20				
	② 测试时方法正确	20				
	③ 被测信号的输入接线正确	5				
	④ 准确记录测试数据于实训报告中	5				
安全文明	① 安全操作	5				
	② 清理现场	5				

11．小组学习活动评价表

班级：____________　小组编号：____________　成绩：____________

评价项目	评价内容及评价分值			自评	互评	教师评分
分工合作	优秀（12～15分）	良好（9～11分）	继续努力（9分以下）			
	小组成员分工明确，任务分配合理，有小组分工职责明细表	小组成员分工较明确，任务分配较合理，有小组分工职责明细表	小组成员分工不明确，任务分配不合理，无小组分工职责明细表			
获取与项目有关质量、市场、环保等内容的信息	优秀（12～15分）	良好（9～11分）	继续努力（9分以下）			
	能从网络等多种渠道获取信息，并能合理地选择信息、使用信息	能从网络等多种渠道获取信息，并能较合理地选择信息、使用信息	能从网络等多种渠道获取信息，但信息选择不正确，信息使用不恰当			
实际技能操作	优秀（16～20分）	良好（12～15分）	继续努力（12分以下）			
	能按技能目标要求规范地完成每项实操任务	能按技能目标要求较规范地完成每项实操任务	能按技能目标要求完成每项实操任务，但规范性不够			
基本知识分析讨论	优秀（16～20分）	良好（12～15分）	继续努力（12分以下）			
	讨论热烈，各抒己见，概念准确，原理思路清晰，理解透彻，逻辑性强，并有自己的见解	讨论没有间断，各抒己见，分析有理有据，思路基本清晰	讨论能够展开，分析有间断，思路不清晰，理解不透彻			
成果展示	优秀（24～30分）	良好（18～23分）	继续努力（18分以下）			
	能很好地理解项目的任务要求，成果展示逻辑性强，熟练利用信息技术（电子教室网络、互联网、大屏等）进行成果展示	能较好地理解项目的任务要求，成果展示逻辑性较强，能较熟练利用信息技术（电子教室网络、互联网、大屏等）进行成果展示	基本理解项目的任务要求，成果展示停留在书面和口头表达，不能熟练利用信息技术（电子教室网络、互联网、大屏等）进行成果展示			
总分						

项目总结

扫频仪是对放大器（某个网络或系统）进行频率特性测试的必备仪器，是从事电子产品研发、生产、检验的常用工具。通过对本项目的学习，我们可以了解扫频仪的组成及工作原理，掌握扫频仪的使用方法。